納得しながら学べる
物理シリーズ

納得しながら
電子物性

岸野正剛

[著]

朝倉書店

まえがき

　電子物性は内容が非常に広範囲に及ぶ学問です．このために電子物性を学ぶ人は物理や電気，機械などの分野を専門，ないし背景とする人から，材料や化学，さらには生物系などの分野を専門（背景）とする人まで非常に広い範囲に及んでいます．

　これには電子物性の寄与によって材料の性質の解明が大きく進展したという事情があります．この結果，材料科学に携わる多くの分野の人々に電子物性に関する知識の必要性が高まり，一昔前には関係がないと思われていた学問分野の人々の間にも電子物性に関心が拡がっているからです．

　このことと関係しますが，電子物性を学ぶ目的や動機も，その人の属する専門分野や身につけている基礎知識によって大きく異なっています．ある人にとっては材料の性質についての基礎理論を習得することが目的であり，動機です．また，別の人は基礎理論もさることながら，実際の電子装置などへの応用により強い関心があります．これらの人たちにとっては，注目している材料が電子装置に応用できる理由を材料の性質の基本から学ぶことが動機なり，目的です．

　本書では，こうした多様なニーズに応えるべく，専門領域が従来の電子物性の読者とは異なる人々にも理解し易いように，すなわち素人わかりするように，できるだけ平易に執筆することを心掛けました．ですから，初学者にとっても必然的にやさしい学習書となっているはずです．

　物の性質をきめる基本粒子は電子ですので，電子物性には電子の性質，運動，分布が重要になります．だから，電子の運動や分布を導く原理である量子力学が否応なく関わってきます．

　量子力学を使った本格的な物性の議論は本書の枠を大きく超えるので，これは差し控えましたが，電子物性に量子力学がなぜ関わるのか，また量子力学が関わることの妥当性などについては，項目ごとにできるだけ平易な説明を加えるように心掛けました．

例えば，量子力学を材料に適用するには，材料を構成する原子が規則的な構造をもつ結晶であることが基本になりますが，見た目には結晶とは思えないような，多結晶体の塊の鉄や銅の性質も，量子力学の理論を使って解釈されます．この不思議を解くカギは，電子や原子などの粒子がきわめて小さく，$1\mu m$立方 ($10^{-18} m^3$) 程度の超微細な結晶粒にも，莫大な数の電子や原子が含まれている，という事実に隠されています．

また，筆者の現役時代の専門との関連で，半導体とこれの電子デバイスへの応用に関してはやや詳しく述べました．半導体とその応用製品は，IT時代の電子装置のベースともなっている，材料とその製品ですので，現代においてもその重要性は変わらないからです．

それと同時に，筆者がかつて初学者であった頃，教科書の著述に省略が多かったために，理解につまずいた経験を踏まえ，わかりにくい専門用語（事項）の解説にも意を注ぎました．例えば，半導体の教科書において必ず出てくる専門用語に電子の有効質量があります．金属材料も材料の基本は同じように結晶ですので，有効質量が必要な筈ですが，金属ではそれほど重要視されません．なぜ半導体で特に重要になるかは，初学者にとっては1つの大きな謎と思われるので，これについても平易な説明を加えました．

人生の成功の秘訣の1つは，若いころ良い師（先生）に巡り合うことだといわれますが，独学の成功の秘訣は「わかりやすい本」に出会うことです．本書が電子物性を独学で身につけたいと考えている方にも，適切な学習書となることを切に願っています．

2015年10月

岸 野 正 剛

目　　次

1. 物性を学ぶ上で抑えておくべき基礎事項 1
   1.1 物性の成り立ち 1
     1.1.1 電子の振る舞いと量子力学 1
     1.1.2 原子と結合 2
     1.1.3 結　　晶 2
     1.1.4 エネルギー準位とエネルギーバンド 3
     1.1.5 粒子の統計 4
   1.2 原子の中の電子のエネルギー 5
     1.2.1 電子の量子力学に基づく性質 5
     1.2.2 原子の中の電子のエネルギーと量子状態 6
     1.2.3 分子のエネルギー準位 9
     1.2.4 固体のエネルギーバンド 10
   1.3 原子の結合 11
     1.3.1 原子が結合する理由 11
     1.3.2 共 有 結 合 12
     1.3.3 イオン結合 12
     1.3.4 金 属 結 合 13
     1.3.5 2 次結合 14
   1.4 原子のつまり方 14
     1.4.1 原子のつまり方の基本 14
     1.4.2 指向性結合をした原子結合 15
     1.4.3 指向性がない場合の原子結合 16

2. 結晶の構造 18
   2.1 材料の基礎としての結晶とその形態 18
   2.2 空 間 格 子 19

- 2.3 結晶面と結晶方位 ……………………………………………… 20
- 2.4 代表的な結晶構造 ………………………………………………… 23
  - 2.4.1 塩化セシウム構造 ……………………………………………… 23
  - 2.4.2 塩化ナトリウム ………………………………………………… 24
  - 2.4.3 ダイヤモンド構造および立方硫化亜鉛(閃亜鉛鉱)構造 ……… 24
  - 2.4.4 六方最密構造 …………………………………………………… 25
- 2.5 単結晶以外の固体の形態 ………………………………………… 26
  - 2.5.1 多結晶 …………………………………………………………… 26
  - 2.5.2 非晶質 …………………………………………………………… 27
  - 2.5.3 多重相固体 ……………………………………………………… 28
- 2.6 結晶の不完全さと構造欠陥および電子欠陥 …………………… 28
  - 2.6.1 結晶の不完全さ ………………………………………………… 28
  - 2.6.2 構造欠陥 ………………………………………………………… 28
  - 2.6.3 電気的欠陥 ……………………………………………………… 33

3. 物質のマクロな性質を決める量子統計 …………………………… 35
- 3.1 物性に統計が関わる理由 ………………………………………… 35
  - 3.1.1 統計力学と物性 ………………………………………………… 35
  - 3.1.2 平均と分布 ……………………………………………………… 36
- 3.2 量子統計力学 ……………………………………………………… 38
  - 3.2.1 古典統計力学と量子統計力学の違い ………………………… 38
  - 3.2.2 量子統計の分布 ………………………………………………… 39
  - 3.2.3 ボース統計分布 ………………………………………………… 40
  - 3.2.4 フェルミ統計分布 ……………………………………………… 42

4. 固体のエネルギーバンドとフェルミ準位 ………………………… 46
- 4.1 固体中の自由電子の振る舞いと完全に自由な電子の運動エネルギー … 46
- 4.2 周期ポテンシャルとブリルアン・ゾーン ……………………… 47
  - 4.2.1 周期ポテンシャルとエネルギーギャップ …………………… 47
  - 4.2.2 ブリルアン・ゾーン …………………………………………… 50
  - 4.2.3 電子の波の周期性とブロッホの定理,および還元ブリルアン・ゾーン …………………………………………………………… 53
- 4.3 固体のエネルギーバンド ………………………………………… 55

 4.4 フェルミ準位·· 55
 4.5 状態密度·· 59

5. 固体の熱現象·· 61
 5.1 内部エネルギーと比熱·· 61
 5.2 格子振動とフォノン·· 63
 5.3 格子比熱·· 67
 5.4 電子比熱·· 73
 5.5 熱伝導·· 75

6. 電気伝導·· 78
 6.1 金属の電気伝導·· 78
  6.1.1 電子の移動度と電気伝導率···································· 78
  6.1.2 衝突の緩和時間と電気伝導率および抵抗率の関係················ 80
 6.2 有効質量·· 81
 6.3 エネルギーバンドと電気伝導······································ 85
 6.4 金属，絶縁体および半導体の違い·································· 87

7. 半導体·· 90
 7.1 半導体のエネルギーバンド・モデルと有効質量······················ 90
  7.1.1 真性半導体およびn形とp形半導体の由来························ 90
  7.1.2 還元ブリルアン・ゾーン形式の$\mathcal{E}$–k曲線と半導体のエネルギーバンド図·· 94
 7.2 不純物半導体およびキャリア密度とその移動度······················ 96
  7.2.1 不純物半導体とn形半導体およびp形半導体······················ 96
  7.2.2 キャリアの移動度と半導体の電気伝導度························ 99
  7.2.3 真性半導体のキャリア密度···································· 99
  7.2.4 半導体のキャリア密度の温度依存性···························100
 7.3 ドナーとアクセプタの作るエネルギー準位·························103
  7.3.1 ドナーとアクセプタの作る局在準位···························103
  7.3.2 ドナー準位やアクセプタ準位は浅い準位·······················104
 7.4 禁制帯中の深いエネルギー準位とその役割·························105

8. 半導体の応用 108
8.1 半導体にはなぜ高純度と高クリーン度が必要か 108
8.1.1 半導体デバイスの動作不良を惹き起すごく微量なナトリウム汚染 108
8.1.2 半導体デバイスの不良事故を惹き起すごく微量な重金属不純物 109
8.2 半導体のフェルミ準位とその重要性 111
8.3 接触電位差とエネルギー障壁 113
8.3.1 金属と金属の接合において生じる接触電位差 113
8.3.2 金属と半導体の接合において生じる接触電位差 115
8.3.3 n形半導体とp形半導体の接合にできる内部電位 116
8.4 半導体デバイスの動作原理の基本 118
8.4.1 p-n接合ダイオードの動作原理 118
8.4.2 n-p-nバイポーラ・トランジスタの動作原理 119
8.4.3 MOS構造の電界効果 122
8.5 半導体デバイス 126
8.5.1 半導体デバイスの主な機能とデバイスの種類 126
8.5.2 p-n接合ダイオード 126
8.5.3 バイポーラ・トランジスタ 128
8.5.4 MOSトランジスタ 131
8.6 そのほかの半導体デバイス 135

9. 磁性と誘電体 138
9.1 磁性 138
9.1.1 磁気の発生原因 138
9.1.2 磁界,磁束密度,および磁化 140
9.1.3 反磁性と常磁性 141
9.1.4 自発磁化に基づく強磁性,反強磁性,およびフェリ磁性 143
9.1.5 強磁性体のヒステリシス曲線と磁区 145
9.1.6 磁性材料と応用 147
9.2 誘電体 148
9.2.1 誘電性と磁性の対応関係 148
9.2.2 誘電分極 149

  9.2.3 誘電率および平行平板電極間に挿入した誘電体中の電界と電束密度 152
  9.2.4 強誘電体 153

10. 超伝導と光物性 156
 10.1 超 伝 導 156
  10.1.1 超伝導の発見と概要 156
  10.1.2 臨界磁界と臨界電流 157
  10.1.3 マイスナー効果と第一種超伝導体 158
  10.1.4 ロンドン方程式と侵入距離 160
  10.1.5 界面エネルギーと第二種超伝導体 161
  10.1.6 超伝導体への磁界の侵入と渦糸および磁束量子 163
  10.1.7 磁束のピン止めと格子欠陥 164
  10.1.8 BCS 理論について 165
  10.1.9 酸化物高温超伝導 168
  10.1.10 超伝導の応用 171
 10.2 光 物 性 173
  10.2.1 光は電磁波 173
  10.2.2 屈折,励起子,吸収および発光 174
  10.2.3 ルミネッセンス 177
  10.2.4 発光素子とレーザ 179
  10.2.5 光 電 効 果 182
  10.2.6 光起電力および太陽電池 183

A. 演習問題の解答 186

索 引 195

Chapter 1

物性を学ぶ上で抑えておくべき基礎事項

　物質の性質を基本から学ぶには物質の性質を決めているものは何かをまず知る必要があります．この章ではこれについて簡潔にわかりやすく説明します．本書では扱う物質は主に結晶でできている固体を想定します．結晶は原子でできており，原子には電子が含まれていて，固体物質の性質は電子の状態やその運動によって決まっています．そして，電子の振る舞いは量子力学の規則に従っていますので，このことも簡潔に説明することにします．このあと，電子のエネルギー，原子の結合，および原子のつまり方などを通して物性における電子の役割を具体的に見ていくことにします．

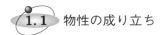

1.1　物性の成り立ち

1.1.1　電子の振る舞いと量子力学

　電子は原子の中から外の空間に出てきて振る舞うこともあります．冬場の乾燥期に衣服やドアの取手に帯電して私たちを悩ます帯電粒子は電子ですし，電子顕微鏡を使って微小な物質を観察するとき，物質の拡大像を作る働きをしているのも電子です．しかし，電子の主な働きは原子の中や原子の群れの中にいるときです．固体物質に限らずすべての物質の性質を決めているのは，物質の中に存在している電子の状態と運動だからです．

　原子や物質の中での電子の振る舞いはニュートン力学 (古典力学) では記述できません．電子の運動や分布は量子力学の規則に従っているからです．このために物質の中の電子の振る舞いを知るには量子力学の規則を使わざるをえません．これ以降原子の結合や結晶，エネルギー準位，エネルギーバンドなどの説明では，量子力学の規則が度々顔を出しますが，これはこのような事情があるからです．

　電子の分布や振る舞いを知るには電子の従う統計法則，つまり粒子の統計について知る必要もあります．電子の従う統計は量子力学を使った統計の量子統計です．この統計については3章で説明しますが，量子統計にはフェルミ統計とボース統計があり，電子はフェルミ統計に従うこともここで指摘しておきます．

1.1.2 原子と結合

物質は原子でできており，多くの原子がつながって，つまり結合して物質の基礎構造を作り出しています．原子と原子の結合においても電子が重要な役割を果たしています．すなわち，電子のエネルギー，電子の電荷や分布が結合で重要な働きをしているのです．

原子の結合では，電子の次の3項目の量子力学的な基本事項が重要です．

① 原子に属する電子はとびとびのエネルギーだけを持つことが許される量子力学的な粒子で，電子が持つことが許されるとびとびのエネルギーはエネルギー準位と呼ばれます．電子がエネルギーを変えるにはエネルギー準位間をジャンプしなければなりません．

② 電子はパウリの排他律に従う粒子であるために，一般には同じエネルギー準位には2個以上の電子が占めることはできません．元素によって結合の種類が異なるのはこのためです．

③ ハイゼンベルクの提唱した不確定性原理の制限によって電子の振る舞いを，古典力学における取り扱いのように完全に記述することはできません．したがって，ある種の曖昧さが残ります．しかし，この曖昧さは極めてわずかで古典力学における扱いでは普通無視されるような微小な大きさや量です．

原子の結合には共有結合，イオン結合，金属結合などがありますが，これらの結合が基本になって，原子の大きな3次元構造の並びである結晶が形成され，この結晶の性質を通して固体物質の性質の基本が決まります．

1.1.3 結晶

結晶は後で説明するように，例外もありますが一般には3次元的に一定の規則に従って原子が並んだものです．固体物質の基本的な性質はこれが結晶でできていることが前提となって説明されています．ところが一般の構造材料の鉄や銅の塊は外見は図 1.1(b) に示すように，とても結晶には見えません．誰でもが認める結晶は，図 1.1(a) に示すダイヤモンドや水晶のように，その外形が角張った整った外形をしています．

実は，後で説明しますが，結晶には大きな塊全体が一つの結晶，つまり単結晶になっているものと，多くの小さな微結晶がランダムに集まって塊になっている多結晶があります．現在では高校の教科書にも金属結晶と書いてあるようですが，鉄や銅の塊は多結晶に属しています．一つ一つの単結晶のサイズは小さいですが，それでも1辺が数 $[\mu m](1[\mu m] = 10^{-6}[m])$ はあります．

(a) 宝石 (単結晶)　　(b) 金属の塊 (多結晶)©Jurii

図 1.1　ダイヤモンドと構造材料の鉄

多結晶であっても，結晶の 1 辺のサイズが 1[μm] 以上もあれば，この結晶の物性としての基本的な性質は大きな結晶と変わらないのです．だから，外見上はとても結晶とは思えない，小さい結晶の集まりである銅や鉄の多結晶も電気伝導などの性質は，結晶を想定した量子力学に基づいた理論によって説明できるのです．

このような理由で，結晶になっていないガラス材のような非晶質物質を除いて，金属，半導体，誘電体，磁性体などの多くの固体物質はすべて結晶でできているとみなして，これらの物質の性質すなわち物性が議論されます．

1.1.4　エネルギー準位とエネルギーバンド

原子の中の電子は量子力学的な粒子であるために，電子はとびとびのエネルギーしか持つことができません．さらに何らかの束縛力を受けて運動範囲が制限されるとエネルギーのとびは更に大きくなります．この状態のとびとびのエネルギーはエネルギー準位と呼ばれ，図 1.2(a) に示すようになります．

固体材料をミクロに見ると多くの原子が規則正しく配列し，それらが結合して結晶を作っています．結晶における電子のエネルギー準位は，図 1.2(a) に示すような，孤立した水素原子の中の電子のエネルギー準位などと異なって，接近した原子に属する多くの電子のエネルギー準位同士が重なって束を作っています．このエネルギー準位の束は図 1.2(b) に示すように帯状になりますので，こうした帯状になったエネルギー準位の束はエネルギー帯 (エネルギーバンド) と呼ばれます．

実際の物質は極めて多くの原子で構成されているので，電子のエネルギー準位の状態はバンド状になっています．したがって物質の性質を議論するときにはしばしばエネルギーバンドが使われます．ことに半導体などの電気的な性質を説明するにはエネルギーバンドについての概念の知識が不可欠です．

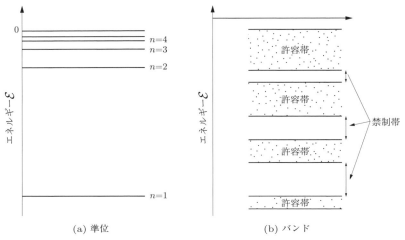

図 1.2　エネルギー準位とバンド

1.1.5　粒子の統計

　自然界には多くの粒子が存在しますが，大別すると2種類の粒子に分けることができます．一方の種類に属する粒子は'一つの物理状態には唯一つの粒子しか存在できない'というパウリの排他律に従う粒子です．しかし，他方に属する粒子は一つの物理状態にいくらでも多くの粒子が存在できて，存在できる粒子の数に制限はありません．前者に属する粒子はフェルミ粒子，後者に属する粒子はボース粒子と呼ばれます．

　2種類の粒子はそれぞれ特殊な性質を持っているために異なった独自の統計法則に従って分布します．これらの統計はそれぞれフェルミ統計，ボース統計と呼ばれます．実は，電子はフェルミ粒子に属しています．だから，電子はフェルミ統計に従います．フェルミ統計は古典力学で使われているボルツマン統計とは全く異なっています．このことについてはこのあと3章で説明します．

　ここで，電子のエネルギー準位に存在できる数について一つだけ注釈を付けておきます．というのは，電子は同じエネルギー準位に2個まで存在できるからです．しかし，これは電子がフェルミ統計に違反しているわけではなく，同じエネルギー準位に存在する2個の電子は同じではなく，別々の状態の電子なのです．つまり，二つの量子状態の電子があります(このことも後で説明します)．だから，一つのエネルギー準位には同じ量子状態の電子は1個しか存在できないのです．

　電子がフェルミ粒子に属しフェルミ分布に従って振る舞うので，同じ量子状態

の電子は同じエネルギーは取りえないことは物質の性質を学ぶ上で基本的な事項になっています．電子の振る舞いと分布が物質の性質を決めていると言っても過言ではないので，電子がフェルミ粒子に属しているということは物性上極めて重要なことです．

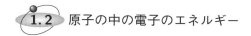 原子の中の電子のエネルギー

1.2.1 電子の量子力学に基づく性質

物性における電子の性質は量子力学の思想に基づいているので，このことをまず強調しておきます．物性を学ぶ上では，次の4個の電子の性質が極めて重要です．

▶電子の波動性と粒子性

電子は1897年にJ.J.トムソンによって発見されて以来粒子とみなされてきました．ところが，1924年にド・ブロイ (De Broglie) によって提唱されたことですが，電子は陽子などと共に物質波とよばれるもので粒子性と共に波動性を持っています．ド・ブロイは光が波として振る舞うと共に粒子として振る舞うことに注目し，これまで粒子と考えられている電子も波の性質 (波動性) を持つと考えたのです．そして，電子の波長はプランクの定数を h，電子の運動量を $\boldsymbol{p}$ として，次の式で表されるとしました．

$$\lambda = \frac{h}{|\boldsymbol{p}|} \tag{1.1}$$

ここで，h はプランクの定数で非常に小さい値 (6.67×10^{-34} [Js]) です．そして，電子のエネルギー $\mathcal{E}$ は，ν を電子の振動数として $\mathcal{E} = h\nu$ で表されます．

▶電子はとびとびのエネルギーを持つ

量子論の創始者のプランク (M. Plank, 1858～1947) は，光 (光子) のエネルギーが次の式

$$h\nu, \quad 2h\nu, \quad 3h\nu, \quad \ldots, \quad nh\nu \tag{1.2}$$

で示すように，とびとびの値を持つことを提唱しましたが，原子の中の電子も量子力学的な粒子の物質波なので，式 (1.2) に示すようにとびとびのエネルギーを持ちます．それと同時に電子のエネルギーのとびは，電子の運動が何らかの制限を受けると，さらにとびの間隔が大きくなります．束縛は電子に加わる力であったり，電子の存在する許容範囲であったりします．そして，こうして決まる電子のエネルギーはエネルギー準位と呼ばれます．

▶ パウリの排他律に従わなければならない

電子はフェルミ粒子ですが,フェルミ粒子はパウリの排他律に従う粒子であるために,2個以上の同じ電子が一つのエネルギー準位を占めることはできません.1個でなくて2個まで存在が許されるのは,2個の電子の量子状態が異なるからです.というのは,フェルミ粒子はスピンを持ちますが,スピンは上向きスピンと下向きスピンの2種類があり,同じエネルギー準位に存在が許される電子はお互いにスピンが異なっているのです.

▶ 不確定性原理に従わなければならない

ハイゼンベルクの提唱した不確定性原理の制限によって,古典力学のように電子の振る舞いを完全に記述することはできません.したがって,ある種の曖昧さが残ります.不確定性原理によると,電子の運動量 p_x (x 成分) と位置 (座標) x の間には次の関係

$$\Delta p_x \Delta x \geq \frac{h}{2\pi} \tag{1.3}$$

が成立するからです.しかし,この式 (1.3) の h はプランクの定数で非常に小さい値 ($h = 6.67 \times 10^{-34}$ [Js]) ですから,電子の記述に曖昧さが残ると言っても,古典力学の場合で考えると無視できるほど,極めてわずかな量です.

1.2.2 原子の中の電子のエネルギーと量子状態

ここではまず1個の陽子と1個の電子で構成される,最も単純な原子の水素原子から考えることにします.水素原子では陽子が原子核 (直径~10^{-14} [m]) になり,電子はその外側の原子 (直径~10^{-10} [m]) の非常に狭い領域に閉じ込められています.電子はこの狭い原子の中に存在し,時速100万 [km] の超高速で運動しているといわれています.しかし,電子の運動には大きな束縛が加わっているために,エネルギー準位のとびは大きくなっています.

まず,原子の中で運動する電子には大きな力が働いています.この力は電子の負電荷 $-q$ ($q = 1.6 \times 10^{-19}$ [C]) と陽子の正電荷 q の間に働くクーロン力によるもので,この力 F は次の式で表されます.

$$F = -\frac{q^2}{4\pi\epsilon_0 r^2} \tag{1.4}$$

この力 F を使って電子の位置のエネルギーを求めると,位置のエネルギー $V(r)$ は単位電荷あたりのエネルギーで電位の場合と同じようになります.詳細は省略しますが,位置のエネルギーは式 (1.4) の力 F を r で無限遠から位置 r まで積分すればよいので,$V(r)$ は,簡単な計算によって,次の式で与えられます.

$$V(r) = -\frac{q^2}{4\pi\epsilon_0 r} \tag{1.5}$$

式 (1.5) で表される位置のエネルギーを，縦軸にエネルギーを，横軸に位置座標をとって描くと，図 1.3 に示すようになります．中心の下方の ⊕ 印は原子核の正電荷です．位置のエネルギーはこの原子核の両側に朝顔の花弁のように見える両翼の曲線で表されています．ですから，電子の運動範囲はこの両翼でできたエネルギーの (障) 壁の中に限られますので，電子は井戸型ポテンシャルの中で運動することになります．

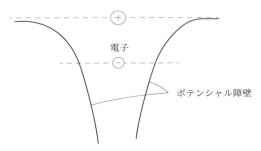

図 1.3　水素原子の位置のエネルギーと障壁

式 (1.5) で表される位置のエネルギーを使って，量子力学のシュレーディンガー方程式を解くと水素原子の中で運動する電子のエネルギーが得られます．このエネルギーを $\mathcal{E}_n$ とすると，$\mathcal{E}_n$ は次の式で表されます (詳細については初等的な量子力学の参考書なり教科書を参照して下さい)．

$$\mathcal{E}_n = -\frac{m_e q^4}{8\epsilon_0 h^2} \cdot \frac{1}{n^2} \tag{1.6a}$$

ここで，m_e は電子の質量，q は電子の電荷，h はプランクの定数です．また，n は量子数と呼ばれるもので量子力学に特有な定数です．量子数は正の整数です．この量子数 n はエネルギーの次数を表すので主量子数と呼ばれています．量子数には n のほかに方位量子数を表す l やスピン量子数を表す m_s などがあります．

式 (1.6a) で表される水素原子の中の電子のエネルギーはとびとびの値をとりますが，この様子は図 1.4 の水素原子のエネルギー障壁中に，とびとびの横線で示すようになります．このとびとびのエネルギーはエネルギー準位と呼ばれ，電子はこのエネルギー準位で表されるエネルギーの値だけをとる (持つ) ことができます．だから，これらのとびとびのエネルギーが原子の中の電子のエネルギーにな

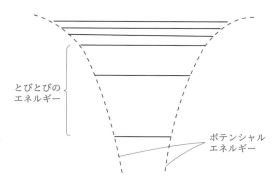

図 1.4 水素原子のエネルギー準位

ります．

なお，式 (1.6a) で表される電子のエネルギーの $\mathcal{E}_n$ を計算すると，次のようになります．

$$\mathcal{E}_n = -\frac{1}{n^2} 13.6 [\text{eV}] \tag{1.6b}$$

この式 (1.6b) の $\mathcal{E}_n$ の値は，$n=1$ のとき $-13.6[\text{eV}]$ となりますが，この値は水素原子の中の電子の最も低いエネルギー準位です．そして，このエネルギー準位の値は原子核に最も近くにいる電子のエネルギーになっています．原子核に近い原子の内側にある電子は内殻電子，外側の電子は外殻電子と呼ばれます．一般に n の値が 1 から増加すると，負符号が付いていますのでエネルギーは次第に増加し，n の値が最も大きいときのエネルギー準位にある電子が最外殻の電子で，この電子は価電子と呼ばれます．ただ，水素原子の場合には $n=1$ のときの電子が価電子でもあります．

原子番号が大きい原子の場合には複雑になりますが，電子がとびとびのエネルギー準位を持つことには変わりはありません．また，電子に対しては常にパウリの排他律が成り立つので，すべての原子において各電子のエネルギー準位に存在できる電子の数は 2 個までです．

ここで示した電子のエネルギーは電子が s 状態にあって，電子の軌道が球対称な s 軌道の場合ですが，電子の量子状態には s 状態のほかに p, d, f, g, . . . などの量子状態があります．これらの状態のとる電子軌道は，図 1.5 に示すように，非球対称的な軌道で p 軌道，d 軌道などと呼ばれます．そして，これらの各軌道は方位量子数 l の値によって決まっており，$l=1, 2, 3, 4, \ldots$ のとき，それぞれ p, d, f, g, . . . などの各軌道になります．

1.2 原子の中の電子のエネルギー

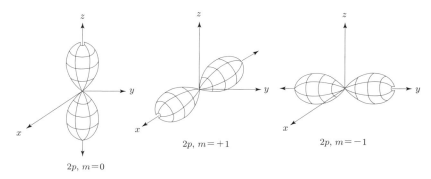

図 1.5 水素原子の電子の確率密度分布 (p 軌道の場合)

1.2.3 分子のエネルギー準位

分子は複数個の原子でできています．分子ではこれを構成する原子と原子の間隔が非常に狭くなります．原子の間隔が狭くなると隣の原子の電子や原子核の影響を受けて電子の準位の状態が変化します．この状況を 6 個の原子でできた分子の場合について図 1.6 に示します．

図 1.6 では，縦軸が準位のエネルギー，横軸に原子の間隔がとられていますが，この図では分子内の 6 個の原子の間隔が横軸で表され，これを仮想的に変化させてあります．つまり，6 個の原子の間隔が大きくて各原子が孤立している場合と間隔が狭くなった実際の分子の場合の電子のエネルギー準位の状態が同時に示されています．

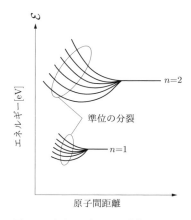

図 1.6 分子のエネルギー準位：6 原子分子 (H_6) の場合

だから，横軸の右の方で原子間の間隔が大きい場合には 6 個の各原子は，原子固有のエネルギー準位を示します．したがって，各量子数 n で決まる電子のエネルギー準位の値はすでに示したように一定になり，エネルギー準位はそれぞれ 1 本の線で表されます．

しかし，6 個の原子が結合して分子を作った状態では，原子間距離が小さくなってエネルギー準位は左に寄ってきます．すると，各原子の電子のエネルギー準位

は，図 1.6 に示すように，量子数の異なる準位ごとに 6 本に分裂します．分子を構成する原子の数が増加すると，エネルギー準位の分裂の数は原子数に比例してさらに多くなります．

1.2.4 固体のエネルギーバンド

固体は多数の分子または結晶でできていますから，無数に近い多数の原子で構成されています．固体の(中の電子の)エネルギー準位に対しても，分子で起こるエネルギー準位の分裂の考えを拡張して適用することができます．固体のように原子数が非常に多い場合には図 1.6 に示した分裂したエネルギー準位の数が非常に多くなり，準位間の間隔は非常に小さくなります．その結果，準位間のエネルギー準位は事実上連続していると考えられます．こうして多くのエネルギー準位が一つの束を作り，図 1.7 に示すように，帯 (バンド) 状になります．これはエネルギーのバンドですからエネルギーバンドと呼ばれます．

エネルギーバンドの概念では，バンドとバンドの間も含めて全体がエネルギーバンドと解釈されて，図 1.7 において，多数の点で塗りつぶした，電子の存在の許されるエネルギー準位の帯は許容帯，許容帯と許容帯の間の電子の存在が許されない領域 (帯) は，禁制帯と呼ばれます．なお，図 1.7 においては，横軸は物理的な意味は持っていません．

ここではエネルギーバンドを図 1.7 のように帯状で表しましたが，本来，固体中の電子のエネルギーは運動エネルギーを表していますので，電子のエネルギー $\mathcal{E}$ は，$\hbar$ をプランクの定

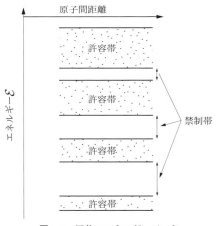

図 1.7　固体のエネルギーバンド

数 h を 2π で割ったもの，k を波数として運動量 $p(=\hbar k)$ を使って表されるべきものです．この関係でエネルギーバンドについて，いま少し詳しく説明する 4 章におけるエネルギーバンド図では，横軸は波数ベクトル (または波数) $\boldsymbol{k}$ にとられます．この点は今後十分注意して下さい．

1.3 原子の結合

1.3.1 原子が結合する理由

自然界の物質は多くの原子が自然に集まり，それらが結合してできています．原子が自然に結合するにはそれなりの理由があるはずです．この現象の基本を考えてみましょう．ここでは最も単純な，2個の原子で構成される，水素分子 H_2 の場合を例にとって考えてみることにします．水素原子には1個の電子しかありません．この1個の電子は常に最低のエネルギー準位を占めているとは限りませんが，結合に与かる価電子の役割を常に担っています．ここでは簡単のために，一応電子は最低のエネルギー準位にあるとして考えることにします．この準位の電子は量子数 n が $n=1$ のときの電子で，1.2.2 で示した 1s 軌道にありますので 1s 電子と呼ばれます．

さて，電子は負の電荷を持っているので，正電荷の水素の原子核が近づくと，エネルギーが低下します．ですから，2個の水素原子が近づくと両方の電子のエネルギーは低下するので，二つの原子は近づこうとします．こうして近づいた2個の原子には引力が働いているのです．そして，この引力が二つの水素原子の結合力になります．しかし，2個の原子が近づきすぎると，二つの原子核間で静電的反発力が働くので，ある位置で2個の水素原子の位置は止まり，2個の電子は安定化します．

この2個の電子が安定した状態では2個の水素原子の電子は，図 1.8(b) に示すように，同じエネルギーの軌道に2個の電子が存在するようになります．すなわち，接近した2個の水素原子は，2個の電子を共有することになります．こうして2個の原子が安定化して二つの原子の結合ができ

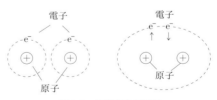

図 1.8　共有結合の原理

ます．この結合は共有結合と呼ばれます．パウリの排他律によって一つのエネルギー準位に存在する電子は同じであってはならないので，2個の電子のスピンの向きは，図に矢印で示すように，お互いに逆向きでなくてはなりません．

水素分子のような2個の原子の結合については，もう一つの原子の結合方法が寄与する場合もあります．というのは，水素原子においても瞬間的には2個の原子の電子が一方の原子に集まり，他方の原子では電子が不足状態になることも起こるからです．

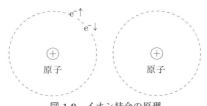

図1.9　イオン結合の原理

このような状況では，図1.9に示すように，電子が2個引き寄せた原子は負に帯電して負イオンになり，電子を失った原子は正に帯電して正イオンになります．この状態の2個の原子にはクーロン力による引力に基づく結合力が働き，2個の原子が近づいて結合します．このようなメカニズムによって結合する原子の結合はイオン結合と呼ばれます．ここではイオン結合の説明の意味もあり，水素分子に相当する2個の原子がイオン結合する場合を説明しましたが，水素分子にはイオン結合の寄与は小さいので水素分子は共有結合とみなされています．

　原子番号が大きい原子の間で起こる共有結合やイオン結合では，原子には多くの電子がありますが，原子間の結合に関与する電子は最外殻のエネルギー準位にある価電子です．価電子が水素原子の場合の電子と同じ役割を果たすのです．

1.3.2　共有結合

　前項で説明したように，共有結合は2個の原子が電子を1個ずつ出し合って作る結合です．水素原子の電子は，結合の前の状態では対を作っていない電子なので不対電子と呼ばれます．後の説明では使いますが，平易な説明では，不対電子は原子価の'手'とも呼ばれています．そして，共有結合は方向によって結合力が異なるので指向性がある結合といわれています．

　安定な共有結合をして形成されている固体には，窒素N，酸素O，炭素Cなどの元素でできた非金属があります．このほかに，ケイ素Si，ゲルマニウムGe，ヒ素Asなどの元素の固体は共有結合にわずかに金属結合が混じった結合をしています．また，鉄Fe，ニッケルNiなどの遷移金属もある程度共有結合性があります．

1.3.3　イオン結合

　これも前の1.3.1項で説明しましたが，イオン結合は陽イオンと陰イオンが対になって，クーロン力による結合力に基づいた指向性のない結合です．電子を獲得して負イオンになりやすい，電気的に陰性な原子(非金属原子)は外部から電子

を引きこんで電子のエネルギーを下げます．一方，電気を失って正イオンになりやすい金属原子は電気的に陽性な原子です．電気的に陰性な原子と電気的に陽性な原子が十分近づくと，二つの原子は相互作用して負イオンと正イオンになり，両者は結合してイオン結合を作るのです．

イオン結合の主な固体には NaCl, LiF などがあります．また，MgO はイオン結合が主体ですが，共有結合性が少しあります．また，SiO_2 は半分がイオン結合的で半分が共有結合的です．

1.3.4 金属結合

まず，金属元素の原子は電子を失って陽イオンになりやすい性質を持っています．金属結合では，図 1.10 に示すように，多数の金属原子が陽イオンの形で集合体を作ります．そして，各金属原子から離れた価電子は特定の陽イオンに属することなく，図に示すように，多くの陽イオンの間を動き回ります．こうして動き回る多くの負電荷の価電子と多くの陽イオンの金属原子の間に相互作用が起こります．そして，この相互作用によって電子のエネルギーが低下して金属イオン間に結合力が生まれ，金属イオン同士が結び付けられて金属結合ができています．

このように金属結合は原子の大集団においてだけ成り立つ結合です．金属結合では多くの価電子がゆるく結合していて指向性がなく，価電子が自由に動けるためにゆるやかな結合になっています．このことは金属が容易に変形する原因にもなっているのです．

一般に金属原子が持つ価電子の数が少ないと，結合がゆるく保持されて，より金属結合的になります．このような

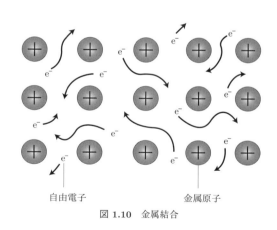

図 1.10 金属結合

金属では価電子が動きやすくなっています．この種の金属にはナトリウム Na, カリウム K, 銅 Cu, 銀 Ag, 金 Au などがあります．これらの金属は (電気) 伝導率や熱伝導率が大きいのが特徴です．また，これらの金属が光に対して不透明な (光を通さない) のは動き回る価電子が光を吸収するからです．

そして金属原子の価電子数が増えると、これらの価電子は金属原子に強い力で保持されるようになります。このため結合は共有結合性が増します。鉄 Fe，ニッケル Ni，タングステン W，チタン Ti などの遷移金属はこの部類に属します。共有結合性が強いがわずかに金属結合性も持つ固体にはケイ素 Si，ゲルマニウム Ge，錫 Sn などがあります。

1.3.5　2次結合

固体結合にはこれまで述べた共有結合，イオン結合，金属結合などの強い結合の1次結合のほかに，比較的弱い結合の双極子結合と呼ばれる2次結合があります。双極子による結合は分子内の電荷のずれが電気双極子を作ることによる結合です。双極子による結合には永久双極子による比較的強い結合と誘起双極子による比較的弱い双極子の結合があります。

たとえば，水分子は水素分子と酸素原子が結合してできていますが，水分子では酸素原子は電気陰性度が大きいため酸素原子が部分的に負に帯電しています。この影響を受けて水素原子が正に帯電して接近し，正負の電荷の対ができ，これは永久双極子になっています。そして，永久双極子と永久双極子の間にも静電的な引力が働きますので，多くの双極子–双極子相互作用によって結合を作り水分子ができています。

また，メタンのような無極性の分子でも，分子内の電子雲のゆらぎによって瞬間的に双極子ができますが，こうした双極子は誘起双極子と呼ばれます。この誘起双極子と，誘起双極子によって誘起された隣の分子にも誘起双極子が生じます。こうしてできた誘起双極子と誘起双極子の間にも静電的な引力が働きますので結合が起こります。この種の結合が'ゆらぎ'の双極子相互作用による結合といわれるもので，この結合は研究者の名前に因んで普通ファン・デル・ワールス結合と呼ばれています。

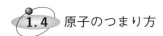
1.4　原子のつまり方

1.4.1　原子のつまり方の基本

固体内の原子の配列の仕方は規則的な場合と不規則な場合があります。規則的な配列した固体は結晶または結晶質といわれ，そうでない配列では固体は非晶質とかガラス質といわれます。ただ，不規則な配列の非晶質の固体もごく狭い範囲では規則性を持っています。

1.4 原子のつまり方

表 1.1 共有結合における結合角

元素など	結合角	実測値 (°)
P	P–P–P	99
As	As–As–As	97
S	S–S–S	107
H_2O	H–O–H	104
NH_3	H–N–H	107

　実際の原子の配列は，(原子の) 結合が指向性を持つか持たないかで大きく異なります．指向性のある配列は原子結合に指向性があるかないかということと，原子同士の結合の結合角によって決まります．結合角というのは隣り合った原子とのなす角度のことですが，具体例を表 1.1 に示しました．表 1.1 では結合角は 3 個の原子の作る角度で表されています．

　原子間結合が指向性を持つ結合としては，すでに述べたように，共有結合や永久双極子による結合があります．また，非指向性の結合としては金属結合，イオン結合，ファン・デル・ワールス結合などがあります．

　結合に指向性のある原子は，各原子が結合角を充たすように詰まります．一方，結合に指向性のない原子はできるだけ密に，つまり箱の中にパッキングされた玉のように詰まります．この詰まり方をする原子は隣り合う相互の原子の大きさに支配される，ある種の幾何学的な法則に従っています．

1.4.2 指向性結合をした原子結合

　原子の結合の指向性は，結合に与かる電子の量子状態によって決まります．量子状態については 1.2 節で説明しましたが，s 状態の電子は s 軌道が球対称なので指向性を持ちません．しかし，p 状態の電子は p 軌道がお互いに直交しているので，この電子が関与する原子の結合角は直角になります．

　s 状態と p 状態の電子が混じった結合では，結合角は直角 (90°) から少しずれますが，90° に近い値をとる場合が多いようです．表 1.1 に示した結合角では s 軌道と p 軌道が混じった場合が示されています．これらの結合では p 軌道の電子が支配的となっているために，結合角は多少ずれてはいますが，100° 前後の値になっています．

　s 状態と p 状態の混成の極端な場合の例は，ダイヤモンドや有機分子のメタンなどの炭素 (原子)C の結合に見られます．炭素 C では電子に対して 4 個の軌道が存在し，これは 1 個の s 軌道と 3 個の p 軌道から成り立っています．これは sp^3 混成軌道とよばれ，互いに 109.5° の角度をなす，等価な軌道になっています．

そして，炭素 C は，図 1.11 に示すように，正四面体の頂点に向かって 4 個の結合を持っています．ケイ素 Si, ゲルマニウム Ge, 錫 Sn なども図 1.11 に示すような結合を持っています．また，白金 Pt, パラジウム Pd は s 軌道と p 軌道のほかに，2 個の d 軌道を持っていて正八面体の頂点に向かう結合をしています．

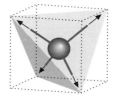

図 1.11　4 個の結合を持つ正四面体指向性

1.4.3　指向性がない場合の原子結合

指向性がない結合の原子が配列するときには，これは原子の大きさが同じ場合ですが，原子はできるだけ密にパッキングするように結合して配列します．こうすることによって単位体積あたりの結合数が多くなり，結合エネルギーが低くなるからです．こうした密な結晶の構造としては六方最密構造 (hcp：hexagonal close packed) および面心立方構造 (fcc：face-centered cubic) があります．この二つの hcp と fcc 構造の原子位置は最も密な原子配置です (これ以降は記号の hcp と fcc を使って記述します)．

多くの金属や希ガス元素の原子位置は hcp 配置や fcc 配置をとります．しかし，すべての固体が最密なパッキング構造をとるわけではありません．固体結晶では最密構造をとらないものが 3 分の 1 ありますが，その中の大部分は，アルカリ金属 (Na, K など) と遷移金属 (Fe, Cr, W など) です．これらの結晶は体心立方 (bcc：body-centered cubic) 構造をとる傾向があります．しかし，ほとんどのアルカリ金属は非常に低温では構造が hcp または fcc に変態します．bcc 構造のパッキング度は hcp や fcc 程ではありませんが，比較的結合エネルギーの小さい原子の配列の仕方です．

固体結晶を構成する原子の大きさが異なると，最密な構造はとりにくくなります．結合する二つの原子の大きさの差を原子半径の比で示し，配位数，原子半径比およびパッキングの関係を，原子サイズが同じ場合も含めて表 1.2 に示しました．この表において，配位数というのは，一つの原子が結合する相手の原子数のことです．この表から，原子半径比が 1 のとき (つまり原子の大きさが同じとき) には最も密な原子のつまり方 (構造) になっていることがよくわかります．

表 1.2 配位数, 原子半径比とパッキングの関係

配位数	原子半径比	パッキング
2	0〜0.155	直線
4	0.225〜0.414	四面体的
8	0.732〜1.0	立方
12	1.0	hcp または fcc

演 習 問 題

1.1 電子が物質の性質に深く関わっていることを,例を挙げて具体的に説明せよ.

1.2 エネルギー準位とエネルギーバンドの違いを説明せよ.

1.3 原子が結合を作る最大の理由は何か?

1.4 金属の銅は比較的やわらかく,曲がりやすいが,ダイヤモンドは硬くて曲がることはない.これはなぜか?

1.5 イオン結合とファン・デル・ワールス結合を比べると,イオン結合の方が強固な結合になっているが,これはなぜか?

Chapter 2

結晶の構造

　固体物質はミクロに見ると結晶でできていますので，物質の性質は結晶を使って説明されます．だから，結晶は物性の基礎になっています．しかし，固体材料には全体が結晶の単結晶以外に多結晶や非晶質のなどの形態のものもあるので，これらについても簡単に触れます．まず，完全な単結晶を想定して結晶構造について学びます．結晶構造では基本になる空間格子について説明したあと，代表的な結晶構造とその特徴について述べ，固体材料との関連について説明します．この後，実際の結晶は完全な単結晶ではない場合の方が多いので，結晶の不完全性にも注目し，転位などの構造欠陥を述べると共に電気的な欠陥についても言及します．

2.1　材料の基礎としての結晶とその形態

　結晶は物性の基礎事項として大抵の教科書で最初にとり上げられていますが，これはなぜでしょうか？　理由の一つは，固体物質の多くが，ミクロに見ると原子が3次元に規則正しく並んだ構造のもの，つまり結晶でできているからです．
　まず，このことから見ていきましょう．この原則の通りに物質全体が原子の規則正しい3次元配列でできている結晶は完全結晶と言われますが，実在する固体物質は何らかの意味で完全な結晶とは異なっています．固体物質の全体が一つの結晶でできているものが単結晶と呼ばれます．単結晶に該当する結晶は希ですが，これには宝石や半導体材料の結晶などがあります．しかし，これらの単結晶にも格子欠陥と呼ばれる欠陥が含まれており，完全結晶ではありません．
　多くの小さい結晶が不規則に集まってできた結晶もあります．金属材料などがこうした結晶に属しますが，これらの物質は多結晶と呼ばれます．多結晶は広い範囲で考えると原子の並びの規則性が乱れていますが，ミクロン$(1[\mu m] = 1 \times 10^{-6}[m])$オーダーの狭い領域では単結晶の性質を備えています．
　原子の並びがさらに乱れて，数原子距離以内のごく近傍の領域以外は原子の並びに全く規則性が見られない物質は非晶質(アモルファス)と呼ばれます．最近ではアモルファスの物質も工業材料として多く使われるようになっています．こう

した材料の中には太陽電池材料に使われるアモルファス Si とか通信用の光ファイバーに使われるシリカ・グラスファイバーなどがあります．

　もう一つの理由は，物質の性質，すなわち物性は量子力学的な理論に従っているという事実と関連しています．なぜかといいますと，量子力学的理論が結晶に適用されて，古典論では説明できなかった物性がみごとに解明され，多くの実験結果が正しく説明されてきたという歴史的背景があるからです．これによって物性の理論的な解釈は量子力学にそって行われなければならないという一つのルールができているのです．

　しかも，量子力学的な理論は結晶に適用されてその有用性が示されてもいます．しかも，結晶のサイズが非常に小さいものまで量子力学が適用できることがわかったのです．すなわち，量子力学が適用できる結晶サイズはセンチメートルやミリメートルサイズの大きさよりもさらに小さい，ミクロンメートルオーダーのごく微細なサイズで十分なのです．ですから，量子力学の適用できる物質は，広範囲に 3 次元構造が構成されている単結晶だけでなく，ミクロンサイズの微小な結晶でできた多結晶でも構わないのです．

　だから，結晶ならどんなものにでも量子力学の理論が適用できて，その物性が解明できるのです．しかも，実験結果を解釈するためには必ずしも量子力学の理論を使って，その都度計算する必要はなく，量子力学の理論の結果に従った一般的な考え方を利用して，実験結果を解釈すれば，それで十分なのです．

　以上のような背景があるために，物性といえば，まず結晶ということになっています．このからくりを知って物性を学ぶことは，納得して物性を学ぶ上には非常に有益だと思われます．理由はわからないけれど，とにかく結晶が重要だと言われたのでは勉学意欲が湧かないからです．

2.2　空　間　格　子

　結晶構造は，原子の位置を点と仮定して作られる，点の 3 次元模様が元になっています．この点の 3 次元模様は空間格子 (space lattice) と呼ばれます．各点は等価でどの点をとっても，その点の周囲がほかの点の周囲と同じになっているような点が格子点 (lattice point) と呼ばれます．

　こうした周期性を持った格子点は，表 2.1 に示す，14 通りしか存在しないことをフランスの物理学者のブラヴェ (A. Bravais) が 1849 年に発見しました．このため 14 通りの格子点の配列，つまり空間格子はブラヴェ格子と呼ばれます．し

表 2.1 結晶系と (記号で表す)14 個の空間格子の関係

結晶系	格子の数	格子の記号	軸長 (a, b, c) と角 (α, β, γ)
立方晶系	3	P, I, F	$a = b = c, \alpha = \beta = \gamma = 90°$
正方晶系	2	P, I	$a = b \neq c, \alpha = \beta = \gamma = 90°$
斜方晶系	4	P, C, I, F	$a \neq b \neq c, \alpha = \beta = \gamma = 90°$
単斜晶系	2	P, C	$a \neq b \neq c, \alpha = \gamma = 90° \neq \beta$
三斜晶系	1	P	$a \neq b \neq c, \alpha \neq \beta \neq \gamma$
菱面体晶系	1	R	$a = b = c, \alpha = \beta = \gamma < 120°, \neq 90°$
六方晶系	1	P	$a = b \neq c, \alpha = \beta = 90°, \gamma = 120°$

たがって，どんな結晶構造の原子の格子位置も，この 14 通りの格子点の位置のどれかと一致していなければなりません．そして，結晶構造におけるブラヴェ格子は結晶格子と呼ばれます．ただ，1 個の格子点に複数の原子が存在することは許されています．しかし，この場合には各格子点には同じように複数の原子が存在しなければなりません．

また，空間格子は空間の中で周期を持って無限に繰り返すことができますので，この空間格子の繰り返しの単位は単位胞 (unit cell) と呼ばれます．結晶を構成する各原子も同様に結晶構造の中で，周期的に繰り返し位置に存在することになります．こうした空間格子は結晶構造では結晶格子と呼ばれます．そして，表 2.1 に示す各結晶系は，記号 P, I などで示す 14 個のブラヴェ格子の単位胞で構成されています．

14 個のブラヴェ格子は，図 2.1 に示すようになりますが，これらの格子は，表 2.1 に示すように，7 種類の晶系に分類され，各晶系には，図 2.1 に示す，複数個の単位胞が含まれます．すなわち，7 種類は立方晶系 (単位胞 3 個)，正方晶系 (同 2 個)，斜方晶系 (同 4 個)，単斜晶系 (同 2 個)，三斜晶系 (同 1 個)，菱面体晶系 (同 1 個)，六方晶系 (同 1 個) です．

表 2.1 において P, C, F, I, R の各記号の由来は，それぞれ primitive, base centered, face centered, body centered, rhombohedral です．そして，図 2.1 に示すように，P は単純単位胞，C は二つの平行な面に格子点のある単位胞，F は面心に格子点のある単位胞，I は体心に格子点のある単位胞，そして R は菱面体の構造を示す単位胞を表しています．

2.3 結晶面と結晶方位

ここでは問題を複雑にしないために，立方晶系で考え，座標系には直交座標を使うことにします．すると，結晶面 (結晶構造を表す結晶の面) と結晶方位 (結晶

2.3 結晶面と結晶方位   21

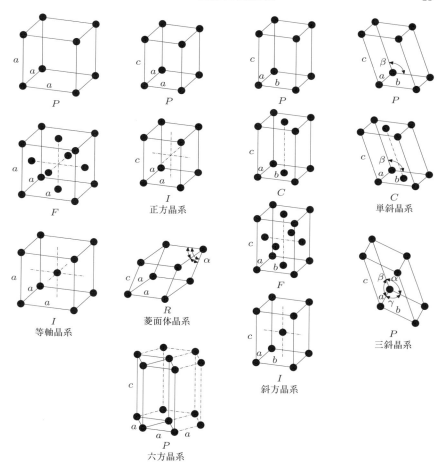

図 **2.1** 14 個のブラヴェ格子 (空間格子)

面の示す方向) は，次に示すように結晶構造の中の 3 点の座標位置が決まれば決まります．

いま，3 点が図 2.2 に示す x, y, z 軸上にあり，3 点の座標がそれぞれ (3,0,0), (0,2,0), (0,0,2) であったとすると，図 2.2 に示す 3 点を結んで得られる網かけした面が結晶面になります．そして，この結晶面の方位はこの面に垂直な方向になります．しかし，結晶方位がこのように表されるのは，既に述べたように立方晶系の場合に限られます．そして，結晶面や結晶方位は括弧記号を使ってそれぞれ

(hkl) や $[hkl]$ などの形で表され,これらの指数はミラー指数と呼ばれます.

結晶面や結晶方位のミラー指数は次のようにして決定されます.図 2.2 に示した 3 点の例で考えると,3 点の座標の値の 3, 2, 2 の逆数は $1/3, 1/2, 1/2$ となります.これらの 3 個の逆数の最小整数比の値は 2, 3, 3 となります.すると,この面のミラー指数は,この比を使って (233) と決められるのです.結晶面の表示には括弧 ( ) 記号が使われます.また,結晶方位はこの面に垂直な方向で,方位は上記の [ ] のほかに山括弧の 〈 〉記号が使

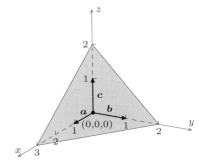

図 2.2 立方晶系の場合の直交座標で示す結晶面
a, b, c はそれぞれ x, y, z 方向.

われ,今の場合の結晶方位はその面固有の方位を表すので [233] となります.[466] で表される結晶方位は [233] に平行ですので,これら両方の方位は,どちらの方位をも共通に表す方位記号である山括弧の 〈 〉を使い,最小比を用いて 〈233〉 と表すこともあります.

同様にして,x 軸との切点が 1 で,y–z 面に平行な,図 2.3(a) に示すような面は,(100) 面となります.なぜかといいますと,この面は x 軸との切片は 1 なので逆数は 1 です.また,y 軸と z 軸との切片は無限遠です.ですから,数式で逆数を書くと $1/\infty$ となり,この値は 0 となるので,ミラー指数は (100) となるのです.

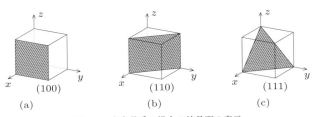

図 2.3 立方晶系の場合の結晶面の表示

また,図 2.3(b) に示す x 軸と y 軸との切点が共に 1 で,x–y 面に垂直な結晶面は,同様に考えて (110) と表されます.また,図 2.3(c) に示す z 軸,y 軸,z 軸との切片がすべて 1 の場合に得られる結晶面は (111) となります.なお,(100) 面

に平行な面で，x 軸との切点が 0.5 の場合には逆数が 2 になるので結晶面は (200) となります．(200) 面の結晶方位は上に示した規則に従うと [200] となりますが，この面の結晶方位は (100) 面の方位と同じなので，この結晶面の方位は ⟨100⟩ と表記されるのが普通です．

さらに，(100) 面，(010) 面，および (001) 面の結晶方位は，上に述べた規則に従うとそれぞれ，[100], [010], および [001] となりますが，これらの結晶方位は立方晶系の場合には対称性を考えると同じ方位になります．つまり，対称的な立方晶系結晶の結晶方位としては同一の結晶方位ということになります．このような場合は，これらの方位は共通な記号として山括弧を使って ⟨100⟩ と表示されます．この表示記号は対称性を考えると同じになる方位を代表して表す方位記号です．同様に同じ面を代表的に表す面記号としては {   } 括弧が使われ，{100} と書かれることもあります．

2.4 代表的な結晶構造

ここでは実際に存在している結晶の構造をさらに詳しく理解するために，代表的物質の結晶構造を見ておくことにします．

2.4.1 塩化セシウム構造

塩化セシウムの結晶構造は，表 2.1 に示した 14 個の空間格子の中で立方晶系の単純立方構造に属しています．そして，結晶構造は図 2.4 に示すようになっています．図 2.4 の構造では中心に Cs 原子があり，8 個の角 (かど) の位置に Cl 原子があります．だから，角の座標 $(0, 0, 0)$ が Cl 原子の位置で，中心の座標 $(1/2, 1/2, 1/2)$ が Cs 原子の位置になります．実際の塩化セシウムの結晶は，この単位胞の結晶構造を繰り返して構成されています．なお，角の位置は隣接する 8 個の単位胞と共有しているので，1 単位胞 (単位格子) あたりの原子数は 1/8 となります．だから，Cl 原子の単位格子あたりの数は $1/8 \times 8 = 1$ となり，1 個になります．したがって，塩化セシウム構造の単位格子は，セシウム原子 Cs と塩素原子 Cl が 1 個ずつで構成されています．なお，単位格子の 1 辺の長さは格子定数と呼ばれ，塩化セシウ

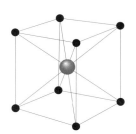

図 2.4 塩化セシウム構造

ム結晶の場合には格子定数は 4.12[Å] です．塩化セシウム構造を持つ結晶には，TlBr, TlI, NH$_4$Cl, CuZn(β–黄銅), Ag,Mg, AlNi, BeCu などがあります．

2.4.2 塩化ナトリウム

塩化ナトリウム NaCl 構造は空間格子の中で立方晶系の面心立方格子に属します．結晶構造は図 2.5 に示す通りです．図 2.5 には結晶構造中の Na 原子と Cl 原子の位置を，それぞれ白抜きの大きい丸○と黒く塗りつぶした小さい丸●で示しています．この図を見るとわかるように，Na と Cl の原子は交互に配列しています．なお，塩化ナトリウム結合の Na と Cl 原子の結合はイオン結合になっています．

そして，NaCl 構造の単位格子には Na と Cl の原子は共に 4 個ずつあります．すなわち，Na 原子は中心に 1 個と各辺の中心に 1 個で計 4 個あります．各辺の Na の正味の個数は $1/4 \times 12 = 3$ で 3 個だからです．

また，Cl 原子は各頂点と各面に 1 個ずつですが，正味の数は各頂点が $1/8 \times 8 = 1$ の 1 個，各面が $1/2 \times 6 = 3$ の 3 個となります．だから，合計すると 4 個になります．したがって，単位格子あたりの Na

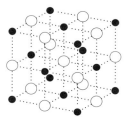

図 2.5　塩化ナトリウム構造

と Cl 原子の数の合計は 4 個になります．このために Na と Cl の原子位置は Cl: $(0,0,0)$, Na: $(1/2, 1/2, 1/2)$ と書かれます．塩化ナトリウム構造を持つ結晶には，LiH, KCl, PbS, AgBr, MgO, MnO などがあります．

2.4.3 ダイヤモンド構造および立方硫化亜鉛 (閃亜鉛鉱) 構造

ダイヤモンド構造は図 2.1 に示す 14 個の空間格子の中で立方晶系の面心立方格子に属します．この結晶構造は図 2.6 に示しましたが，原子は $(0, 0, 0)$, $(0, 1/2, 1/2)$, $(1/2, 0, 1/2)$, $(1/2, 1/2, 0)$ と $(1/4, 1/4, 1/4)$, $(1/4, 3/4, 3/4)$, $(3/4, 1/4, 3/4)$, $(3/4, 3/4, 1/4)$ の 8 箇所の座標位置をとります．

図 2.6 に示す構造をよく見ると，立体対角線の方向に 1/4 だけずれて 2 個の面心立方格子からできている

図 2.6　ダイヤモンド構造

ことがわかります．だから，単位格子あたりの原子数は内部に 4 個，角に 1 個，

そして面心の位置に3個の合計8個となります．ダイヤモンド構造の結晶には，炭素C(ダイヤモンド)，シリコンSi，ゲルマニウムGe，灰色錫などがあります．なお，ダイヤモンド構造では原子同士の結合は共有結合になっています．

一方，立方硫化亜鉛(閃亜鉛鉱)構造は，原子の種類を無視すればダイヤモンド構造と同じになっています．つまり，この構造も2個の面心立方格子で構成されています．しかし，立方硫化亜鉛構造は異なった2種類の原子で構成されていますので，結晶構造としてはダイヤモンド構造とは異なります．そして，この構造を形成する2種類の異なった原子は，図2.7に示すように，それぞれ，ダイヤモンド構造の項で述べた2個の面心格子のそれぞれの原子位置(○と●の位置)を占めています．立方硫化亜鉛構造に属する結晶には，CuF, CuCl, AgI, ZnS, CdS, GaAs, GaP, InP, InSb, SiC, AlPなどがあります．

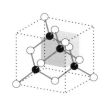

図 2.7 立方硫化亜鉛構造 (○はZn，●はS)

2.4.4 六方最密構造

六方最密構造は結晶の中で原子を最も密に詰め込んだ結晶構造の一つです．いま，多くの球を立体的に並べて積み上げ，できるだけ密に重ねることを考えるとしましょう．すると，3次元空間に球を密に積み重ねるには，図2.8に示す方法があることがわかります．図2.8では球の列の格子面の並びは上下方向にABABAB...となっていて，Bの格子の球は，Aの格子の球の並びの隙間の位置に位置するようになっています．この図2.8に示す原子の並びが六方最密構造における原子の積み重なり方です．

最密な原子の積み重ね方には，同様に球がお互いの列の間隙の位置に並んで積み上がるのですが，原子列が上下方向にABCABCABC...の3種類の並びが，この順番で積み重なる場合もあります．この場合Cの面の原子はA面とB面の原子の間の'孔'の真上に来るように重なっています．ABCABCABC...の順に積み重なる原子の格子列の重なり方は立方最密構造といい，面心立方構造の結晶で見られる構造です．

図 2.8 密度の高い原子の重なり方

六方最密構造は図2.9に示しますが，この構造は14個の空間格子の中で六方晶系に属しています．そして，各格子点には2個の原子が配置されています．だか

ら，この結晶構造では個々の原子は正確には空間格子の位置には存在していないことになります．六方最密構造をとる結晶にはカドミウム Cd, コバルト Co, ガドリニウム Gd, マグネシウム Mg, チタニウム Ti(α), タリウム Tl, 亜鉛 Zn 結晶などがあります．

なお，六方晶系では結晶面と結晶方位の表し方が立方晶系の場合とは異なるので，このことには十分注意する必要があります．詳細は省略しますが，面とその方位を簡単に示しておくと，次のようになっています．結晶面や結晶方位を表すミラー指数の表示は，それぞれ，$(hkil)$ と $[hkil]$ の記号が使われます．そして，h, k, i の間には，次の関係が成り立ちます．

図 2.9 六方最密構造

$$h + k = i \tag{2.1}$$

ここで代表的な結晶面と結晶方位を説明しておくことにします．まず，六方晶系では，図 2.9 に示す結晶構造において，c で表される結晶の上下方向に伸びた中心軸は c 軸を表しています．そして，中心の軸方向は c 軸方向と呼ばれます．また，a_1, a_2, a_3 で表される c 軸に垂直な 3 本の軸の間の角度は 120° になっています．c 軸方向はミラー指数を使って表すと [0001] となり，この軸に垂直な c 面は (0001) となります．また，a_2 軸に平行な面は (1010) 面，六方格子の柱面に垂直な方向は [1010] です．また，各六方格子の頂点を向く方向は [1120] となります．

2.5 単結晶以外の固体の形態

2.5.1 多結晶

多結晶は，図 2.10 に示すように，多くの微細な単結晶で構成されていますが，金属材料の多くはこのような構造になっています．多結晶を構成する個々の微結晶は結晶粒とも呼ばれますが，結晶粒間の結晶方位は一般に異なっていて，結晶粒と結晶粒の間は完全には整合していないで不整面になっています．この境界の不整面は結晶粒界と呼ばれます．そして，結晶粒界には界面欠陥と呼ばれる格子欠陥が存在し，これが結晶粒を分割しているのです．

図 2.10 に示した図は，70% Cu, 30% Zn の黄銅の多結晶インゴットの断面の光学顕微鏡写真で，微小な結晶粒は約 200[μm] 角の大きさです．多結晶の強度などは結晶粒界の性質に大きく左右され，単結晶の物質に比べるとその強度は弱く

図 2.10 黄銅 (70% Cu, 30% Zn) の結晶粒

なっています.

2.5.2 非晶質

非晶質は最近ではアモルファスと呼ばれることの方が多いですが，アモルファスの名前の由来は，次のようになっています．モルファス (morphous) が形を持つという意味なので，非の意味のある接頭辞 a をこれに付けて，amorphous (アモルファス) にしたのです．

アモルファスの性質は単結晶とは大きく異なっています．アモルファスは結晶と違って，数原子間距離以上離れた原子同士の間では原子の並びに秩序性は全く見られません．すなわち，原子の並びは長距離の秩序を持っていません．しかし，アモルファスも隣接する原子間のような数原子間の距離の範囲では原子の並びにある種の秩序性を示します．だから短距離の秩序は持っているとされています．そして，アモルファスは熱力学的には非平衡準安定状態の物質です．

アモルファス物質の代表はガラスで，この例のようにアモルファスには非金属物質が多いのですが，1960 年には Fe–Si–B 合金のようなアモルファス金属も発見されました．それ以来，金属や半導体にもアモルファス物質のものが少なくないことがわかりました．ことに半導体のアモルファス物質では薄膜トランジスタ，太陽電池，そしてセンサなどが製造されていて，重要な工業材料の一つになっています．天然に産出する非晶質とされている鉱物の中には X 線回折で弱い回折線を示す物質がありますが，このような物質は潜晶質と呼ばれています．潜晶質の物質には宝石のオパールなどがあります．

2.5.3 多重相固体

このほかに結晶質相とアモルファス相というように二つ，またはそれ以上の相を含んだ構造をしている固体物質もあります．代表例を挙げると，次のものがあります．①工業材料用の物質としての多重相合金，②建築用材料のレンガとかコンクリート，③天然に産する岩石などです．

工業材料用の多重相合金の代表は炭素鋼と鋳鉄です．炭素鋼は重量パーセントで 2% までの炭素を含む鉄の合金です．また，鋳鉄は 2～4% のケイ素と同量の炭素を含む，鉄–ケイ素–炭素合金です．

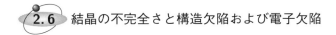
2.6 結晶の不完全さと構造欠陥および電子欠陥

2.6.1 結晶の不完全さ

実際の結晶材料では全体が完全な単結晶のものはほとんどありません．すべての結晶 (材料) は何らかの欠陥を含んでいます．結晶の欠陥の中で空間格子の構造のほころび (破綻) として記述できるような欠陥は格子欠陥と呼ばれますが，ここではこの格子欠陥について説明します．結晶構造の破綻が点状であるか，線状であるか，面状であるかによって，格子欠陥は点欠陥，線欠陥，および界面欠陥 (面欠陥) に分類されます．

2.6.2 構造欠陥

▶ 点欠陥

点欠陥には，図 2.11 に A, B, C, および D で示すような格子欠陥があります．それらは，母体の結晶の中の一つの原子が抜けている空孔 (vacancy) A，原子と原子の間に同種原子が割りこんで入って間違った格子位置を占めている格子間同種原子 B，同じく母体と異なる原子 (不純物原子) が入った格子間不純物 C，母体の原子と入れ換わって入った置換不純物原子 D です．このほかに空孔が重なった状態の重空孔 (divacancy) もあります．

イオン結晶の場合には 2 種類の点欠陥で構成される少し複雑な欠陥の，フレンケル欠陥 E とショットキー欠陥 F があります．フレンケル欠陥 E は，図 2.12 の中央付近に示すように，陽イオン (小さい黒丸) の原子が格子位置から抜けて発生した空孔と，この抜け出した原子が格子間原子になって，これらの二つの点欠陥が対を作ってできている欠陥です．また，右上に見えるショットキー欠陥 F は陽イオン (黒丸) の空孔と陰イオン (大きい白丸) の空孔が対を作ってできた欠陥です．

2.6 結晶の不完全さと構造欠陥および電子欠陥   29

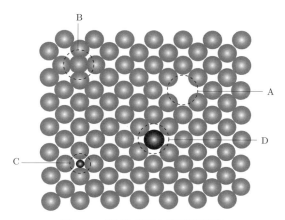

図 2.11 点欠陥 (空孔と原子間不純物)

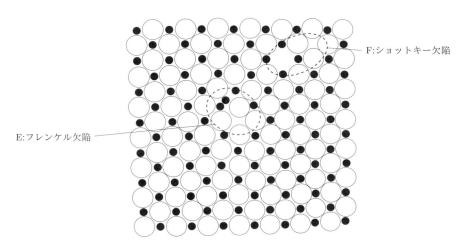

図 2.12 フレンケル欠陥とショットキー欠陥

▶線欠陥の代表の転位

　線欠陥は二つの面領域の境目で原子の並びに食い違いができることによって発生する線状の欠陥です．そして，境界以外の領域では結晶は完全です．代表的な線欠陥には転位があります．転位には刃状転位とらせん転位があり，これらを，それぞれ，図 2.13 の左右に示しました．図 2.13 を説明するには'すべり'の概念が必要ですので，これについて説明しておくと次のようになっています．結晶学では原子が密に並んだ結晶面の上に乗った領域が，この結晶面上で一定の方向

に移動する現象は'すべり'と呼ばれます．そして，原子の密に並んだ面がすべり面になります．

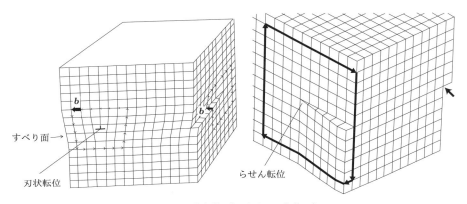

図 2.13 刃状転位 (左) とらせん転位 (右)

　図 2.13 の左図では，外部から結晶の端に部分的に力を加えたとき，結晶の上部の右半分が左方向へすべり，左から中ほどの位置ですべりが止まった状態が示されています．このすべりが止まった位置では結晶の上半分で格子面が 1 列多くなっています．この結晶の中で余分な一つの格子面の端が刃状転位と呼ばれ，すべり面の上にある，この格子面の端を (紙面の) 奥の方向に伸びる格子面の端で作られる，すべり面上を走る線が転位線になります．そして，刃状転位は図に示しているように ⊥ の印で表されます．だから，刃状転位では，すべり方向は転位線の方向に垂直になります．

　図 2.13 の右側に示すらせん転位は，図の四角に描いた線に添って 1 周すると格子面は一つ隣に移り，格子面がずれていることがわかります．だから，らせん転位では結晶の中心あたりを走る転位線と格子のずれの方向が平行になります．

　実は転位には 3 種類ありますが，らせん転位と刃状転位と共にもう一つの転位の混合転位が含まれている転位線 (だ円状のループ) を，図 2.14 に示しました．この図はループ状の転位線の走るすべり面を上から見た図ですが，すべらない面 (領域)A は，すべり面を含む下の部分の格子と一体の状態の領域になります．そして，すべった面 (領域)B は，すべり面の上に乗っていて，この面である距離だけ移動して (すべって) います．

　すべった領域を囲んで境界に線を引くと図 2.14 に示すようにループができま

2.6 結晶の不完全さと構造欠陥および電子欠陥   31

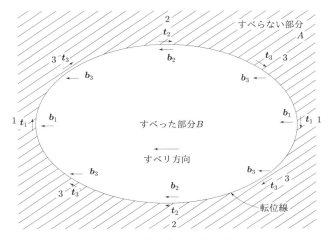

図 2.14 転位ループと転位線およびバーガースベクトル

すが，このループ位置が転位 (線) になっています．この図 2.14 に示す楕円形のループが転位ループとか転位線と呼ばれます．転位が結晶に入ることにより起こる格子面のずれはベクトル b で表され，この b はバーガースベクトルと呼ばれます．転位線の長さの単位ベクトルを t とすると，図の右部分と左部分では，t の方向とバーガースベクトル b の方向は直角になっていますが，t と b の関係が垂直な関係にある転位は上に述べたように刃状転位です．

図 2.14 では転位ループの 3 か所の，それぞれ位置 1，位置 2，位置 3 における転位線の単位ベクトル t とバーガースベクトル b を，それぞれ t_1，t_2，t_3，および b_1，b_2，b_3 で表しましたが，これらを使って 3 種類の転位を説明しますと，次のようになります．

転位ループの左右の位置 1 では転位線 t_1 とバーガースベクトル b_1 は直角になります．ですから，位置 1 ではこの転位ループは刃状転位になっています．しかし，上下の位置 2 では t_2 と b_2 は平行になっています．だから転位ループはこの部分ではらせん転位になっています．

また，位置 1 と位置 2 の中間の位置 3 では転位線の単位ベクトル t_3 とバーガースベクトル b_3 の関係が直角でも平行でもなく，90°と 0°の中間になっています．このように単位ベクトル t とバーガースベクトル b が 90°と 0°の中間の角度になる転位は混合転位と呼ばれます．なぜかといいますと，このような転位 (混合転位) は刃状転位とらせん転位の両方の成分を持っているからです．

図 2.14 に示す転位線のようにループを作る転位の場合には注意すべきことがあります．それは転位ループのバーガースベクトル b は，全ループにわたって一定だということです．図 2.14 の例では，この転位ループは結晶のある領域が一定の方向にすべって境界に発生しているので，バーガースベクトル b の方向は当然一定になるのです．ですから，この場合には $b_1 = b_2 = b_3 = b$ の関係が成り立っています．

▶部分転位

また，格子面の並び (25 ページの図 2.8 参照)，たとえば ABABAB... の積み重ねのある部分に余分な格子面 C が入り込むと，その箇所の格子面の並びは，たとえば ABCABAB... となります．すると侵入した余分の格子面 C を囲む領域の端の部分は転位線になり，一種の刃状転位が発生します．このようにして発生した転位のバーガースベクトルは格子の間隔ではなくて，格子の間隔の整数分の 1 になります．このためにこの種の転位は部分転位と呼ばれます．

▶界面欠陥 (面欠陥) の発生原因と種類

界面欠陥は面状に発生するので面欠陥とも呼ばれます．界面欠陥の発生はある面の境界の両側で，格子面の積み重ねに狂いが生じることによって起こります．積み重ねの狂いには，積み重ね方向の狂いと積み重ね順の狂いがあります．積み重ね方向の狂いによって生じる界面欠陥には，多結晶の境界を形成する結晶粒界 (結晶境界) があります．結晶の粒界に生じる欠陥には，このほか双晶境界，小傾角粒界，小捻じれ角粒界などがあります．格子面の積み重ねの狂いによる欠陥には積層欠陥があります．上の項で説明した，侵入した余分の格子面 C は積層欠陥になっています．

▶結晶粒界

広義には以下の双晶境界や小傾角粒界なども結晶粒界ですが，狭義には多結晶集合体において，配向の異なる微細結晶を分けている境界に存在する欠陥が結晶粒界と呼ばれています．

▶双晶境界

母結晶の結晶方位と鏡像をなすような配向を持った結晶の部分は双晶と呼ばれ，この境界は双晶境界となります．

▶小傾角粒界および小捻じれ角粒界

小傾角粒界は 2 個の結晶面の境界において格子面の配向がわずか (2～3° 程度) に異なることによって発生する欠陥です．この欠陥は図 2.15 に示すように，転位を等間隔に配置させることによってモデリックに表すことができます．すなわ

ち，刃状転位のバーガースベクトルを b，配置させる転位の平均間隔を h とすると，境界の傾き θ は次の式で表されます．

$$\theta = \frac{|b|}{h} \tag{2.2}$$

なお，境界に配置する転位が刃状転位でなくてらせん転位の場合には，この境界で両側の領域は捻じれることになります．したがって，このとき発生する欠陥は，捻じれがわずかなので，小捻じれ角粒界になります．そして，捻じれ角 α は次の式で表されます．

$$\alpha = \frac{|b|}{h} \tag{2.3}$$

▶積層欠陥

積層欠陥とは格子面(原子の並び)の積み重ね(積層 stacking)の不整(欠陥 fault))によって起こる欠陥です．たとえば，面心立方の fcc 結晶では格子面の正常な積み重ね順は ABCAB-CABC...ですが，積み重ねに，部分的に不整が起きて ABCABABCA...となると，中ほどの格子面 A と B の間に積層欠陥が発生します．そして，この積み重ねの不揃いな格子面が島状に孤立した状態になっていますと，島状の格子面の周辺には，前の項で述べたように，部分転位の転位線ができます．

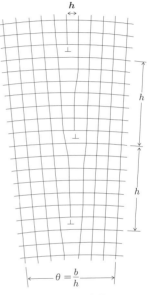

図 2.15 小傾角粒界

2.6.3 電気的欠陥

構造的な欠陥の中で結晶を構成する原子の欠けたもの(空孔)や侵入型や置換型の不純物原子(母結晶を構成する原子とは異なる原子)などの点欠陥が存在すると，エネルギーバンド構造の規則性が部分的に壊れ，結晶の電気的な性質を狂わす電気的な欠陥がエネルギーバンドの中に発生します．この種の電気的な欠陥は局在準位と呼ばれます．

不純物原子などの点欠陥が存在すると孤立した電子準位が，図 2.16 に示すように，(本来エネルギー準位の存在しない)禁制帯に発生します．しかし，点欠陥による孤立した電子準位は普通のエネルギー準位のように連続した準位ではなく，

場所的に局在した準位なので，これらの電子準位は局在準位と呼ばれます．そして，結晶に比較的大きな影響を与える点欠陥は禁制帯の中央付近に局在準位を作ります．バンド(禁制帯)の中央付近に局在準位が発生すると，このエネルギー位置はバンドの端から大きく離れているので，このような局在準位は深い準位と呼ばれます．また，バンドの端に近くに

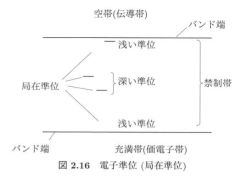

図 2.16 電子準位 (局在準位)

発生する局在準位は浅い準位と呼ばれます．浅い準位には 7 章の半導体の箇所で述べるドナー準位とかアクセプタ準位がありますが，これらの準位は有益な働きをするので普通には欠陥とは呼ばれません．

演 習 問 題

2.1 ある結晶面が直交座標上で表して，z 軸に平行で，x 軸と y 軸の切片が共に 0.5 であるという．この結晶面を，ミラー指数を使って表せ．

2.2 塩化セシウム結晶の単位胞は何個の原子で構成されているか？

2.3 シリコン結晶の単位胞は何個の原子で構成されているか？

2.4 ダイヤモンドの結晶の単位胞の 1 辺の長さ (格子定数) は 3.56[Å] である．1 辺が 1[μm] の立方体には何個の単位胞が含まれることになるか？

2.5 くの字に曲がった転位線が観察された．この転位線はどんな転位か？ つまり，刃状転位か，らせん転位か，それとも混合転位か？

Chapter 3

物質のマクロな性質を決める量子統計

物質は'原子や分子でできている'といわれますが,物質の性質に原子や分子の個々の性質が直接関係することは希です.無限に近い多数の原子や分子などの集団の性質が空気の温度をはじめ多くの物質の性質 (物性) を決めています.物質のマクロな性質と個々の原子や分子をつなげるものは粒子の分布とかその統計ですので,これについてまず説明します.続いて物性の解明に大きな役割を果たしてきたと共に,物性学の誕生以来基礎であり続けている古典統計と,古典統計では解けない物性を解明できるようにした,フェルミ統計とボース統計の量子論に基づく量子統計について学ぶことにします.

3.1 物性に統計が関わる理由

3.1.1 統計力学と物性

これまでの章では物質が原子や分子でできていることを学んできました.しかし,物質の性質の,たとえば空気の温度や金属の性質などに,個々の原子や分子やこれらの運動エネルギーが直接関係することはありません.空気などの温度は,空気の分子の運動エネルギーとその状態によって決まっています.しかし,空気分子の運動と空気の温度との関係は直ちにはわかりかねます.両者の間には大きな隔たり (ギャップ) があるからです.

物質の性質,すなわち物性を決めているものは,物質を構成する無数と言えるほど多数の原子や分子の集まった集団が作る一つの系の性質です.だから,これら多数の粒子の集団の性質を解明することは物性にとって極めて重要です.粒子の集団の性質も多数の個々の分子について,すべて初期条件を考えて,その運動を一つ一つ追いかけていけば原理的にはわかるはずだと,すなわち,物性がわかるはずと考えがちです.しかし,実際にはこのような大変な努力を払っても,仕事が煩雑なばかりで有効な結果は得られません.

実際に物質の性質を決めているものは,原子なり分子の個々の性質ではなく,集団の性質だからです.だから,物質の性質を知る上で重要なものは,個々の分子の詳細なエネルギーやその性質ではなくて,集団を構成する分子などのエネルギー

やこのエネルギーを持つ粒子が，どのような密度で集団の中で分布しているかを知ることです．こうした集団の性質は統計的に調べることはできますが，このとき有効になるのが粒子などの集団の性質を統計的に調べる統計力学の手法です．

無限と思えるほど多数の原子や分子の集団の性質に関する，多数の粒子の統計力学による検討では，数学の確率理論や統計理論などが使われます．そして，多数の粒子の運動が何の規則もなく，てんでばらばら起こっているとしたのでは計算もできませんので，統計力学では「すべての粒子の実現可能な運動状態は十分長い時間で考えると等しい確率で起こっている」という等確率の原理が成り立つ，と仮定されています．

だから，統計力学は原子や分子などの位置や速度を扱う微視的な立場と，温度や圧力などといった物質の性質(物性)を記述するマクロな立場との橋渡しの役割を果たしていると言えます．

3.1.2 平均と分布

物質の性質は無数とも言える多数の原子や分子の粒子が集団を作り，集団の中で粒子がどのようなエネルギーや分布を持つかで決まります．多数の粒子のエネルギーとなると，結局平均の値が重要になります．また，原子や分子が多数の集団の中でどのような分布を持つかも物質の性質を左右します．そこで，ここでは粒子の平均の数と粒子の分布について考えることにします．

▶平均値

ある粒子の集団が作る系があるとして，この粒子の系の一つの物理量を Q として，この物理量の平均値がどのように表されるかを考えてみましょう．ここで，物理量 Q の個数を n，とりうる値を $Q_1, Q_2, \ldots, Q_i, \ldots, Q_n$ とし，これらの起こる確率を $r_1, r_2, \ldots, r_i, \ldots, r_n$ とします．すると物理量 Q の平均値を $\langle Q \rangle$ とすると，平均値 $\langle Q \rangle$ は，Q のとりうる値 Q_i にその Q 値が起こる確率 r_i を掛けたものの和を，起こる確率 r_i の和で割ったもので得られます．したがって，Q の平均値 $\langle Q \rangle$ は，次の式で表されます．

$$\langle Q \rangle = \frac{Q_1 r_1 + Q_2 r_2 + \cdots + Q_i r_i + \cdots + Q_n r_n}{r_1 + r_2 + \cdots + r_i + \cdots + r_n}$$
$$= \frac{\sum_{i=1} Q_i r_i}{\sum_{i=1} r_i} \tag{3.1}$$

もしも，物理量 Q がエネルギー $\mathcal{E}(\nu)$ であれば，このエネルギーの平均値 $\langle \mathcal{E}(\nu) \rangle$ は，同様にして次の式で与えられます．

$$\langle \mathcal{E}(\nu) \rangle = \frac{\sum_{i=1} \mathcal{E}(\nu)_i \, r_i}{\sum_{i=1} r_i} \tag{3.2}$$

式 (3.2) において，ν は振動数で，$\mathcal{E}(\nu)$ は振動数が ν の粒子のエネルギーを表しています．

▶分　布

いま，粒子の集団が作るある系に存在する粒子のエネルギーを $\mathcal{E}_i$，この系の粒子の数を N_i とすることにします．そして，粒子の総数を N，エネルギーの総量を $\mathcal{E}$ とすると，次の式が成り立ちます．

$$\sum_{i=1} N_i = N_1 + N_2 + \cdots + N_i + \cdots + N_n = N \tag{3.3}$$

$$\sum_{i=1} N_i \mathcal{E}_i = N_1 \mathcal{E}_1 + N_2 \mathcal{E}_2 + \cdots + N_i \mathcal{E}_i + \cdots + N_n \mathcal{E}_n = E \tag{3.4}$$

全体で N 個の席があったとき，エネルギー $\mathcal{E}_1$ の粒子を N_1 個，$\mathcal{E}_2$ の粒子を N_2 個，…，$\mathcal{E}_i$ の粒子を N_i 個というように，エネルギーが $\mathcal{E}_i$ の粒子 N_i 個を N 個の席に詰め込む，詰め込み方の数，つまり組み合わせ数は，これを Ω とすると，Ω は次の式で与えられます．

$$\Omega = \frac{N!}{N_1! N_2! N_3! \cdots} \tag{3.5}$$

そして Ω の対数をとった $\log \Omega$ にボルツマン定数 k_B を掛けたものは，エントロピーと呼ばれ，記号として S が使われます．すなわち，エントロピー S は次の式で表されます．

$$S = k_B \log \Omega \tag{3.6}$$

この関係式 (3.6) はボルツマンの原理と呼ばれます．

エントロピー S は乱雑さの程度を表すものですが，熱力学ではエントロピーの増大法則というものが存在しています．すなわち，何事も放っておけばキチンと整理されることはなく，より乱れた状態になるというのが自然の法則です．

元に戻ると，エネルギーが $\mathcal{E}_i$ の粒子系の数 N_i を求めるには，次のように考えます．すなわち，粒子の総個数 N とエネルギーの総量 $\mathcal{E}$ を一定にして，粒子の詰め込み方の数 Ω が最大になるような粒子の分布が平衡状態になりやすい，と考えます．つまりこのような平衡状態が最も起こりやすいので，式 (3.3) と式 (3.4) で表される条件を使って，次のように，エネルギーが $\mathcal{E}_i$ の粒子系の数，N_i を求めることができます．

すなわち，詰め込み方の数 Ω を最大にする代わりに $\log \Omega$ を最大にしてもよいので，$\log \Omega$ を使うと共に，式 (3.3) と式 (3.4) で表される関係の条件を使い，次

の Y の式 (3.7) を作ります．そして，N_i を独立に変化させて，次の式 (3.7) で表される Y の極値を求めます．

$$Y = \log \Omega + \alpha \left(N - \sum N_i\right) + \beta \left(\mathcal{E} - \sum \mathcal{E}_i N_i\right) \tag{3.7}$$

ここで，α と β はラグランジェの未定係数と呼ばれる未知のパラメータです．この式 (3.7) を使って Y の極値を求める方法はラグランジェの未定係数法と呼ばれます．この方法の具体的な使い方は，次の量子統計の箇所で示します．

式 (3.7) が極致をとる条件を求めるには，式 (3.7) を N_i で偏微分して $\partial Y/\partial N_i = 0$ の条件から N_i の値を求めればよいのです．これを実行すると，N_i として次の式が得られます．

$$N_i = k e^{-\alpha - \beta \mathcal{E}_i} \tag{3.8}$$

すなわち，$\mathcal{E}_i$ というエネルギーを持つ系の数は，平衡状態では $e^{-\alpha - \beta \mathcal{E}_i}$ に比例するのです．この式 (3.8) において α を 0 とし，β を $\beta = 1/(k_B T)$ とおくと，エネルギーが $\mathcal{E}_i$ の系は $e^{-\mathcal{E}_i/k_B T}$ に比例して分布していると言えます．そして，この式で表される分布はボルツマン分布といわれます．以上述べてきた統計は古典力学の法則に従っており，古典統計と呼ばれます．この統計に従う統計力学は古典統計力学と呼ばれるものです．なお，気体分子などの速度分布はマクスウェル–ボルツマン分布といわれますが，簡単にはボルツマン分布とも呼ばれます．

 3.2 量子統計力学

3.2.1 古典統計力学と量子統計力学の違い

空気の温度など多くの物質の性質は古典統計力学によって説明できますが，金属内の電子など固体内の電子の集団の振る舞いを調べて，固体の物性を知るには量子統計力学が必要になります．統計力学の考え方の大筋は量子統計力学も前項で述べた古典統計力学と変わりませんが，両者の間には次の二つの大きな相違点があります．一つは粒子のエネルギーの値です．古典力学に従う古典統計力学 (以降は古典統計と略称) ではエネルギーは連続に扱いますが，量子力学の法則に従う量子統計力学 (以降量子統計と略称) ではエネルギーはとびとびに扱うということです．もう一つの違いは微視的な状態の粒子の数の数え方です．

すなわち，粒子の数の N_i は量子統計では，次の二つの場合しかないということです．

① N_i が 0 または 1 のみである．これは粒子がフェルミ粒子の場合に適用され

ます.電子はフェルミ粒子ですのでこの規則に従います.
② N_i が $N_i = 0, 1, 2, 3, \ldots, \infty$ までの任意の数である.これはボース粒子に適用されます.光の粒子であるフォトンはこの規則に従います.

①の場合には,ある一つの状態に一つでも粒子が存在していれば,もはやその状態は満席で,そのほかの粒子はその状態はとりえないことを示しています.これはパウリの排他律を反映しています.すなわち,この規則はフェルミ粒子がパウリの排他律に従う粒子であることを表しています.

3.2.2 量子統計の分布

量子統計には前項の 3.2.1 項に述べたように,粒子の数え方に 2 種類の方法があるために,2 種類の統計分布があります.一つはボース分布と呼ばれ,もう一つはフェルミ分布と呼ばれます.これらの分布に従う粒子は,それぞれボース粒子,フェルミ粒子と呼ばれています.2 種類の粒子のエネルギー準位における粒子の詰まり方は図 3.1(a) と (b) に示すようになります.

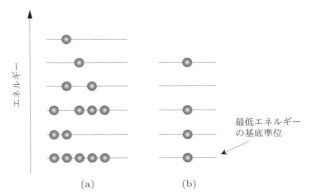

図 3.1 エネルギー準位におけるボース粒子 (a) とフェルミ粒子 (b) の詰まり方

フェルミ粒子は,パウリの排他律に従う粒子であるために,一つの物理状態に存在が許される粒子は唯一つだけですので,一つのエネルギー準位に存在できる粒子の数は図 3.1(b) に示すように,0 または 1 のみです.一方,ボース粒子はパウリの排他律の制限を受けない粒子ですので,準位に存在できる粒子の数には制限はありません.準位に詰まる粒子の数は何個でも構いません.

パウリの排他律をみたす量子状態のエネルギー準位への粒子の詰まり方の分布を計算するには,3.1.2 項で説明した古典統計の場合のように,量子統計におい

ても粒子の存在する系のエントロピーを使います．

3.2.3 ボース統計分布

ボース統計は，ボースが光 (フォトン = ボース粒子) の統計分布を計算したときに発見した分布です．光の粒子 (つまりフォトン) の統計にはアインシュタインも寄与しましたので，ボース統計はボース–アインシュタイン統計とも呼ばれます．ここではボース統計の分布を表す式を求めることにしますが，それにはエントロピー S が必要ですので，式 (3.6) を使いますが，まず準位へのボース粒子の詰まり方の数 Ω を求めます．

エネルギーが ε_k で状態数 (同じ準位の状態の数) が b_k のエネルギー準位 k へ n_k 個の粒子を詰める場合の，詰め方の数を Ω_k とすると Ω_k は，重複を許して選び出す組み合わせになるので，次の式で表されます．

$$\Omega_k = {}_{b_k+n_k-1}\mathrm{C}_{n_k} = \frac{(b_k+n_k-1)!}{(b_k-1)!n_k!} \tag{3.9a}$$

ここで，$b_k + n_k \gg 1$ としますと，この式 (3.9a) は次のように近似できます．

$$\Omega_k = \frac{(b_k+n_k)!}{b_k!n_k!} \tag{3.9b}$$

なぜかといいますと，この問題は粒子をボールに，準位を箱に置き換えて考えると，'区別のない n_k 個のボールを，区別のある b_k 個の箱に入れるとき，ボールの入れ方は幾通りであるか？'という問題と同じだからです．だから，2 個の箱 ($b_k = 2$) へ 3 個の粒子 ($n_k = 3$) を詰める詰め込み方の数 Ω は，図 3.2 に示すようになるので，4 となります．式を使うと，式 (3.9a) に従って，

$$\Omega = {}_{2+3-1}\mathrm{C}_3 = \frac{(2+3-1)!}{(2-1)!3!} = \frac{4!}{1!3!} = 4 \tag{3.10}$$

と計算できます．

式 (3.9b) で表される Ω_k はエネルギー準位 k への粒子の詰まり方の数ですが，すべてのエネルギー準位への粒子を詰め込む詰め込み方の数は，これを Ω_B としますと，Ω_B は $\Omega_1, \Omega_2, \Omega_3, \ldots, \Omega_k, \ldots$ をすべて掛け合わせたものになるので，式 (3.9b) を使って，次の式で表されます．

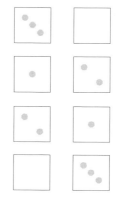

図 3.2 状態数 2 ($b_k = 2$) の準位への 3 個の粒子 ($n_k = 3$) の詰まり方

3.2 量子統計力学

$$\Omega_B = \prod_k \frac{(n_k + b_k)!}{n_k! b_k!} \tag{3.11}$$

ここではボース粒子を詰め込む詰め込み方の数ですので，Ω の下付きの添え字に B を使いました．なお，$\prod$ は掛け算を寄せ集める記号で，$\prod_k a_k = a_1 \times a_2 \times a_3 \cdots$ のように，足し算の寄せ集める記号の $\sum$ に対応する記号です．

するとこのときのエントロピーは，式 (3.6) に従って，k_B をボルツマン定数として次の式で表されます．

$$S_B = k_B \log \Omega_B \tag{3.12}$$

次に，このエントロピー S_B を使って系の安定を考えますが，エントロピーが最大になるときに系は安定になるので，数式的には，次に述べるように，式 (3.12) などを使った条件式が極値をとるときということになります．この操作はすでに 3.1.2 項において行いましたが，この場合も，式 (3.12) のエントロピー S_B に，粒子の全数の N が一定 ($N = \sum_k n_k$) であるという条件と，エネルギー $\mathcal{E}$ が一定 ($E = \sum_k n_k \varepsilon_k$) の条件を加えた式，を使って極値をとる条件を求める必要があります．

すると，極値をとるべき式は前の式 (3.7) と同様に次のようになります．

$$\log \Omega_B + \alpha \left(N - \sum_k n_k \right) + \beta \left(\mathcal{E} - \sum_k n_k \mathcal{E}_k \right) \tag{3.13}$$

ここではボルツマン定数は省略しています．この式を n_k で微分して 0 とおくと，補足 3.1 の式 (S3.5) に示すように，次の式が得られます．

$$\sum_k \left\{ \log \left(\frac{n_k + b_k}{n_k} \right) - (\alpha + \beta \mathcal{E}_k) \right\} = 0 \tag{3.14}$$

この式 (3.14) が常に成り立つには，次の式が成立する必要があります．

$$\log \left\{ \frac{(n_k + b_k)}{n_k} \right\} = \alpha + \beta \mathcal{E}_k \tag{3.15}$$

この式 (3.15) を使って，状態数が b_k のエネルギー準位へ n_k 個の粒子が詰まる割合 n_k/b_k を求めると，n_k/b_k として次の式が得られます．

$$\frac{n_k}{b_k} = \frac{1}{e^{\alpha + \beta \mathcal{E}_k} - 1} \tag{3.16}$$

この式はボース粒子のエネルギー分布を表す式ですが，ボース粒子の場合には粒子の全数に制限はありませんので，$\alpha = 0$ とおくことにします．また，$\beta = 1/(k_B T)$，$\mathcal{E}_k = \mathcal{E} - \mu$ (μ は化学ポテンシャル) とおき，n_k/b_k をボース粒子の分布という意味で $f_B(\mathcal{E})$ とおくと，ボース分布 $f_B(\mathcal{E})$ は次の式で表されます．

◆ **補足 3.1** ラグランジェの未定係数法に従って式 (3.13) の極値を求め，式 (3.14) を導く

まず，式 (3.13) において Ω_B として式 (3.11) を使うと，$\log \Omega_B$ になるので掛け算の積算記号 $\prod_k$ は足し算の積算を表す $\sum_k$ の記号に変わります．したがって，次の式が得られます．

$$\sum_k \log\{(n_k+b_k)! - \log(n_k!) - \log(b_k!)\} + \alpha\left(N - \sum_k n_k\right) + \beta\left(\mathcal{E} - \sum_k n_k \mathcal{E}_k\right) \tag{S3.1}$$

ここで，近似計算において重宝される，次のスターリングの公式

$$\log(z!) \doteqdot z \log z - z \tag{S3.2}$$

を使うと，式 (S3.1) は，! の記号が取れて，次のように簡潔な式になります．

$$\sum_k (n_k+b_k)\log\{(n_k+b_k) - (n_k+b_k) - n_k \log n_k + n_k - b_k \log b_k + b_k\}$$

$$+ \alpha\left(N - \sum_k n_k\right) + \beta\left(\mathcal{E} - \sum_k n_k \mathcal{E}_k\right) \tag{S3.3}$$

この式を n_k で微分すると，次のようになります．

$$\sum_k \{\log(n_k+b_k) + 1 - 1 - \log n_k - 1 + 1 - \alpha - \beta \varepsilon_k\}$$

$$= \sum_k \{\log(n_k+b_k) - \log n_k\} - \alpha \sum_k (1) - \beta \sum_k \mathcal{E}_k \tag{S3.4}$$

極値をとる条件としてこの式 (S3.4) を 0 とおくと，本文の式 (3.14) と同じ，次の式が得られます．

$$\sum_k \left\{\log\left(\frac{n_k+b_k}{n_k}\right) - (\alpha + \beta \mathcal{E}_k)\right\} = 0 \tag{S3.5}$$

$$f_B(\mathcal{E}) = \frac{1}{e^{(\mathcal{E}-\mu)/k_B T} - 1} \tag{3.17}$$

こうして得られた式 (3.17) はボース分布の式と呼ばれている式です．なお，化学ポテンシャル μ は粒子集団の系が潜在的に持つエネルギーのことで，次に述べるフェルミ粒子のフェルミエネルギーに対応するものです．

3.2.4 フェルミ統計分布

フェルミ統計はフェルミが (フェルミ粒子である) 電子の統計を研究して確立したものですが，ディラックも電子の統計について独自に研究しこの統計の確立に寄与したので，この統計はフェルミ–ディラック統計とも呼ばれます．物性の問題では多数の電子が関わる物理現象が極めて多いので，フェルミ統計は物性の研究では必要不可欠に重要な基本事項になっています．

さて，フェルミ粒子はパウリの排他律の制限を受ける粒子なので，一つの量子状態には唯一つの粒子しか存在できません．だから，一つのエネルギー準位には1個の粒子しか入れないのです．フェルミ粒子の場合に，状態数が b_k でエネルギーが $\mathcal{E}_k$ のエネルギー準位 k に，n_k 個の粒子を詰め込む詰め込み方の数の Ω_k は，重複を許さないで選び出す組み合わせになるので，次の式で与えられます．

$$\Omega_k = {}_{b_k}\mathrm{C}_{n_k} = \frac{b_k!}{n_k!\,(b_k - n_k)!} \tag{3.18}$$

ボース粒子の場合と同様に考えて，すべてのエネルギー準位へ粒子を詰め込む詰め込み方の全数を Ω_F とすると，Ω_F は掛け算の積算記号 $\prod$ を使って，次の式で表されます．

$$\Omega_F = \prod_k \frac{b_k!}{\{n_k!\,(b_k - n_k)!\}} \tag{3.19}$$

この式 (3.19) を使うと系のエントロピー S は $S = k_B \log \Omega_F$ となるので，この S を使って，ボース粒子の場合と同じように，次の式が極値をとるときに系は安定になります．なお，ここではフェルミ粒子なので詰め込み方の数の全数を Ω_F で表すことにします．

$$\log \Omega_F + \alpha \left(N - \sum_k n_k\right) + \beta \left(\mathcal{E} - \sum_k n_k \mathcal{E}_k\right) \tag{3.20}$$

この式 (3.20) に式 (3.19) の Ω_F を代入して，ボース粒子の場合と同様に演算すると，次の式が得られます．

$$\sum_k \{\log b_k! - \log n_k! - \log (b_k - n_k)!\} + \alpha \left(N - \sum_k n_k\right) + \beta \left(\mathcal{E} - \sum_k n_k \mathcal{E}_k\right) \tag{3.21}$$

ここで，補足 3.1 に示したスターリングの公式を使うと，この式 (3.21) は ! の記号が取れて，次のように比較的簡潔な式になります．

$$\begin{aligned}
&\sum_k \{\log b_k - b_k - n_k \log n_k + n_k - (b_k - n_k) \log (b_k - n_k) + b_k - n_k\} \\
&+ \alpha \left(N - \sum_k n_k\right) + \beta \left(\mathcal{E} - \sum_k n_k \mathcal{E}_k\right) \\
&= \sum_k \{\log b_k - n_k \log n_k - (b_k - n_k) \log (b_k - n_k)\} \\
&+ \alpha \left(N - \sum_k n_k\right) + \beta \left(\mathcal{E} - \sum_k n_k \mathcal{E}_k\right)
\end{aligned} \tag{3.22}$$

この式 (3.22) を n_k で微分して 0 とおくと，次の式が得られます．

$$\sum_k \{-\log n_k - 1 + \log (b_k - n_k) + 1\} - \alpha \sum_k (1) - \beta \sum_k \mathcal{E}_k = 0 \tag{3.23a}$$

この式は $\sum_k$ でくくって整理すると，次のようになります．

$$\sum_k \{-\log n_k + \log(b_k - n_k) - \alpha - \beta \mathcal{E}_k\} = 0 \tag{3.23b}$$

この式 (3.23b) が常に成り立つには括弧の中がゼロでなくてはならないので，次の関係式が得られます．

$$-\log n_k + \log(b_k - n_k) = \alpha + \beta \mathcal{E}_k \tag{3.24}$$

こうして得られた式 (3.24) より，$(b_k - n_k)/n_k$ を求めると，次のようになります．

$$\frac{b_k - n_k}{n_k} = e^{\alpha + \beta \mathcal{E}_k} \tag{3.25}$$

さらに，この式 (3.25) を演算して，状態数が b_k のエネルギー準位へ粒子が詰まる割合の n_k/b_k を求めると，次の関係式が得られます．

$$\frac{n_k}{b_k} = \frac{1}{e^{\alpha + \beta \mathcal{E}_k} + 1} \tag{3.26}$$

ここで，ボース粒子の場合と同じように，粒子の全数を制限しないとして，$\alpha = 0$ とおくことにします．また，$\beta = 1/(k_B T)$, $\mathcal{E}_k = \mathcal{E} - E_F$ (E_F はフェルミエネルギー) とおき，n_k/b_k をフェルミ粒子の分布という意味で $f_F(\mathcal{E})$ とすると，$f_F(\mathcal{E})$ は次の式で表されます．

$$f_F(\mathcal{E}) = \frac{1}{e^{(\mathcal{E} - E_F)/k_B T} + 1} \tag{3.27}$$

この式 (3.27) が電子などのフェルミ粒子の分布を表すフェルミ分布の式です．フェルミ分布のエネルギー依存性の様子を，式 (3.27) に従って描くと図 3.3 に示すようになります．図 3.3 では (a) にボース粒子の分布を，(b) にフェルミ粒子の分布を示しました．

ボース粒子の場合には，温度に拘わらず粒子のエネルギーが化学ポテンシャル μ に等しいときには，分布式の式 (3.17) に従って，分布は図 3.3(a) に示すように無限大になります．この現象は，ボース粒子が同じエネルギー準位 (同じ量子状態) にいくらでも存在できる粒子であることを反映しています．だから，ボース粒子は古典統計ではありえない粒子であることがわかります．

一方，フェルミ粒子は式 (3.27) が表す分布の式に従って，図 3.3(b) に示すようになります．図 3.3(b) では，温度が絶対零度 (0[K]) のときの様子を破線で示し，0℃以上の場合を実線で示しました．図 3.3(b) を見るとわかるように，フェルミ粒子は 0[K] のときにはエネルギーの値がフェルミエネルギー E_F 以下の条件で分布は 1 になります．つまり，フェルミ粒子はフェルミエネルギー E_F まで一杯に詰まっています．

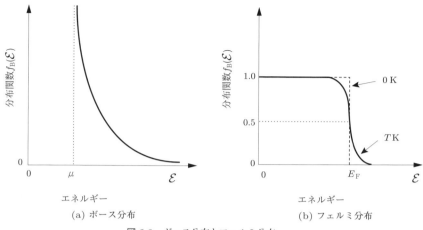

(a) ボース分布　　(b) フェルミ分布

図 3.3　ボース分布とフェルミ分布

しかし，温度が 0[K] 以上の条件では，エネルギーがゼロから高くなってフェルミエネルギー E_F 近くになると，図 (b) に示すように，粒子の分布は 1 より小さくなります．そして，分布の値は $\mathcal{E} = E_F$ のときに 1/2 になります．この分布は存在確率を表しているので，フェルミエネルギー E_F に粒子が存在する確率は 1/2，つまり，存在するか，存在しないかのどちらかです．だから，あるエネルギー位置に粒子 (電子) が存在できるかどうかは，フェルミ分布 $f_F(\mathcal{E})$ によります．そして，フェルミ粒子の分布 $f_F(\mathcal{E})$ は 1 より大きくなることはありません．

演 習 問 題

3.1 量子論では光 (光子 = フォトン) のエネルギー $\mathcal{E}$ はとびとびの値を持ち $\mathcal{E} = nh\nu$ で与えられる．ここで，h はプランクの定数，ν は光の振動数であり，n は 0 から始まる整数である．そして，光の各次数 n における存在確率 r_n は，β を $\beta = 1/(k_B T)$ として，$r_n = e^{-n\beta h\nu}$ で与えられる．以上の条件を使って，光の平均エネルギー $\langle \mathcal{E} \rangle$ を計算し，得られた結果について考察せよ．ここで，$x = e^{-\beta h\nu}$ とおいたとき，次の式が成り立つことを使うと，問題の解が求めやすいことを指摘しておく．

$$x + 2x^2 + 3x^3 + \cdots + mx^m + \cdots = (1 + x + x^2 + \cdots)(x + x^2 + x^3 + \cdots)$$
(M3.1)

Chapter 4

固体のエネルギーバンドとフェルミ準位

　この章では固体のエネルギーバンドとフェルミ準位について学びます．エネルギー準位やエネルギーバンドについては 1 章で分子や固体の場合について，電子を粒子として扱い概略説明をしてきました．この章では固体が，原子の周期構造がある結晶でできている状況に則してエネルギーバンドを検討します．すなわち，周期構造の格子の中で運動する電子の波動性を重視した量子論的な取り扱いでエネルギーバンドを説明します．それと共に，絶対零度においてですがエネルギーバンドの中で電子のとりうる最高のエネルギー (準位) であるフェルミ準位や，エネルギー準位数の密度である状態密度についても説明することにします．

4.1 固体中の自由電子の振る舞いと完全に自由な電子の運動エネルギー

　固体中を動き回る電子は，最外殻電子の価電子が原子の外へ飛び出したものですが，これは量子論的な粒子なので粒子性と共に波動性を持っています．そして，電子の運動は本来は古典力学ではなく量子力学で扱われるべきものです．量子力学的な粒子の運動はシュレーディンガー方程式で記述されますが，ここでは難解になるのを避けるために，シュレーディンガー方程式そのものは使わないで，その考え方だけを使って説明することにします．

　最初は自由空間で自由に運動している電子を想定することにします．すなわち，あらゆる場所で位置のエネルギーつまりポテンシャルエネルギーがゼロである場合の電子の運動を考えることにします．この扱いは金属中で運動する電子の場合にも適用できると考えられています．シュレーディンガー方程式では電子は波として取り扱われますので，ここでも電子を物質波として，その波長を λ, 波数を k とします．波数 k は 2π を波長 λ で割ったもので，次の式で表されます．

$$k = \frac{2\pi}{\lambda} \quad (4.1)$$

　そして，プランクの定数 h を 2π で割った，次の式

$$\hbar = \frac{h}{2\pi} \quad (4.2)$$

で表されるエイチバー $\hbar$ も使うことにします．波数 k を方向成分を持つ波数ベク

トル k にすると共に $\hbar$ を使うと，自由運動している物質波 (電子) の運動量 p は，次の式で表されます．

$$p = \hbar k \tag{4.3}$$

この式 (4.3) の運動量 p の値は，式 (4.1) と式 (4.2) を使って書き変えると，次の式

$$|p| = \frac{h}{\lambda} \tag{4.4}$$

に示すように，プランクの定数 h と波長 λ を使って表すことができます．この式 (4.4) の関係は，物質波の提案を行ったド・ブロイに因んでド・ブロイの関係式と呼ばれています．

ポテンシャルエネルギーが存在しない自由空間において運動する，完全に自由な電子の運動のエネルギー $\mathcal{E}$ は，電子の粒子性に注目すると質量を m として，次の式で与えられます．

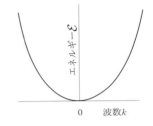

図 4.1　完全に自由な電子の運動エネルギー

$$\mathcal{E} = \frac{p^2}{2m} = \frac{1}{2m}\hbar^2 k^2 \tag{4.5}$$

この式 (4.5) は，図 4.1 に示すように，2 次曲線になります．だから電子のエネルギーは波数 k(または波数ベクトル k) の 2 乗に比例して連続的に増大することがわかります．

周期ポテンシャルとブリルアン・ゾーン

4.2.1　周期ポテンシャルとエネルギーギャップ

固体は多くの原子でできていますが，1 章の 1.2.2 項に示したように，原子のポテンシャルは電子の運動に対して井戸型ポテンシャルのはたらきをします．ここでは固体は結晶でできていると仮定していますので，原子の作る結晶の中には多くの井戸型ポテンシャルが存在し，それらは，図 4.2 に示すように，周期ポテンシャルを作っていることになります．

だから，結晶の中を運動する電子は，自由空間を運動する電子のように完全に自由に動ける粒子というわけにはいきません．結晶の中で運動する電子は周期ポテンシャルの影響を受けながら運動しているからです．電子は周期ポテンシャルによってどのような影響を受けるでしょうか？　ここでは周期ポテンシャルの中

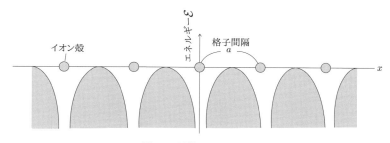

図 4.2 周期ポテンシャル

で運動する電子が，このポテンシャルから受ける影響を説明しますが，説明に都合がよいので逆格子空間で考えることにします．

逆格子空間 (波数空間のことで，k 空間ともいわれます) は，補足 4.1 に示すように，(x などで表す) 実空間をフーリエ変換という数学的な変換処理をした空間です．だから，フーリエ変換する前後の空間，すなわち実空間と k 空間の間では，座標が変わり，一方は位置座標に，他方は運動量座標になります．フーリエ変換についての説明は数学や物理数学の教科書などを参考にして下さい．

さて，電子には波動性があるために，電子は結晶格子で次の式に従ってブラッグ反射を起こし，回折されて入射角の倍の 2θ の回折方向に進行します．

$$n\lambda = 2d\sin\theta, \quad ただし n は正の整数 \tag{4.6}$$

ここで，d は結晶格子の格子間隔，θ は入射および反射角，λ は電子の波長です．

電子が 3 次元格子で回折し，その回折角の 1/2 の入射角 θ が 90° になると，格子で回折を受けた電子は反対方向へ進みます．つまり，90° で反射した波は進行方向とは逆の方向 (戻り方向) に進む波になります．これらの進行方向に進む波と逆方向に進む波を加えると，前にも後にも進まない停滞した波になりますが，このような波は定在波といわれています．だから，電子の波が結晶の中で 90° で反射を起こすと，電子は定在波を作り前へも後へも運動できなくなります．こうした条件が充たされると電子は結晶の中で自由に振る舞えなくなります．

電子の波数 k を使って，この現象がどのようなときに起こるかを調べてみましょう．まず，式 (4.6) において，格子間隔 d を原子間距離の a と等しいとして $d = a$ とおき，上の議論に従って入射角 θ を $\theta = 90°$ とおくと，電子の波長 λ は次の式で表されます．

$$\lambda = \frac{2a}{n} \tag{4.7a}$$

次に，波数 k は式 (4.1) で表されますので，式 (4.1) に式 (4.7a) の電子の波長

◆ 補足 4.1 逆格子ベクトル，および逆格子空間について

実空間で同一平面にないベクトル a_1, a_2, a_3 を使ってベクトル a を $a = n_1 a_1 + n_2 a_2 + n_3 a_3$ と書くと，a は 3 次元格子の一つの格子点を表します．ここで，n_1, n_2, n_3 は 0 または正負の整数です．このベクトル a_1, a_2, a_3 を使って，ベクトル b_1, b_2, b_3 を次のように

$$b_1 = 2\pi \left\{ \frac{(a_2 \times a_3)}{(a_1 \cdot a_2 \times a_3)} \right\}, b_2 = 2\pi \left\{ \frac{(a_3 \times a_1)}{(a_2 \cdot a_3 \times a_1)} \right\}, b_3 = 2\pi \left\{ \frac{(a_1 \times a_2)}{(a_3 \cdot a_1 \times a_2)} \right\} \tag{S4.1}$$

定義したとき，b_1, b_2, b_3 は逆格子ベクトルといわれます．なお，この式の分母はベクトル a_1, a_2, a_3 で表される単位格子の体積を表しています．

これらの逆格子ベクトルを使ってベクトル b を $b = h_1 b_1 + h_2 b_2 + h_3 b_3$ と書くと，b は a の場合とは別の種類ですが，ある種の格子の格子点を表していますが，この格子が逆格子と呼ばれるものです．なお，h_1, h_2, h_3 は 0 または正負の整数です．そして，ベクトル a_i と逆格子ベクトル b_j のスカラー積は次のようになります．

$$a_i \cdot b_j = 2\pi \delta_{i,j} \, (\delta_{i,j} \text{は} i = j \text{のとき} 1, \, i \neq j \text{のとき} 0) \tag{S4.2}$$

次に，逆格子空間 (reciprocal lattice space) は逆格子によって構成される空間のことで，実空間の周期性が反映されています．逆格子空間は逆空間，運動量空間，さらには波数空間とも言われます．波数空間は波数 k で表されるので，k 空間とも呼ばれています．

実空間と逆格子空間の関係は数学的にはフーリエ変換の関係にあり，逆格子は格子と同じように結晶の周期性を持っています．また，物理的には位置と運動量，あるいは位置 r（または x）と波数 k の関係になっています．

の λ の値を代入すると，電子の波数 k として次の式が得られます．

$$k = \frac{2\pi}{\lambda} = \frac{n\pi}{a} \tag{4.7b}$$

一方，ポテンシャルの周期は，図 4.2 に示したように，格子間隔の a になるので，波数 k で表すと π/a となります．したがって，式 (4.5) で表される電子の運動エネルギー $\mathcal{E}$ は n を正の整数として $|k| = n\pi/a$ のとき，つまり k の値が $\pm\pi/a$, $\pm 2\pi/a$, $\pm 3\pi/a$, ... のとき 180° の回折が起こり定在波ができます．このとき電子は自由に振る舞えないので，電子は運動エネルギーを持たないことになります．

つまり，$|k| = n\pi/a$ の条件が充たされるときに，図 4.3 に示すように，電子のエネルギー $\mathcal{E}$ が (欠落し) 不連続になり，電子のエネルギー $\mathcal{E}$ にとび (ギャップ) が生じます．だから，波数 k の値が $k = \pi/a$ のときに，図に示すように，エネルギーギャップが生じます．

この様子を詳しく説明すると，波数 k の値が $n\pi/a$ に近づくと，電子波の回折

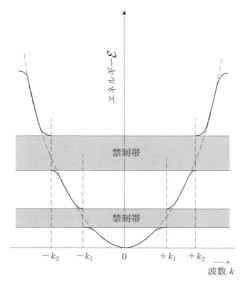

図 4.3 電子のエネルギーに生じるエネルギーギャップ

効果が強くなります．すると，図 4.3 に示すエネルギー $\mathcal{E}$ の傾きは傾斜がゼロに近付き，$|k| = n\pi/a$ になると，遂には k 軸に平行になります．それと同時に存在できる運動エネルギー $\mathcal{E}$ の値が，図 4.3 に示すように二つに割れて上下に分かれます．そして，上下のエネルギーの差で表される領域は，運動エネルギーが存在しない，つまりは固体内で自由に振る舞う電子の持つことが許されないエネルギー領域，すなわち禁制帯 (バンドギャップ) が出現します．

こうしてできあがった，図 4.3 においてエネルギー曲線の実線で表す範囲が電子 (の波) がエネルギーを持つことのできる領域，つまり許容領域になります．この領域は許容帯と呼ばれます．そして，実線と実線の間の薄く塗りつぶした領域は，今説明したように電子がエネルギーを持つことのできない領域，つまり禁制帯になります．

4.2.2 ブリルアン・ゾーン

以上の議論で，エネルギーが存在できる領域である許容帯の領域は波数 k の取りうる範囲によって決まります．この k の取りうる範囲の 3 次元的な表示はブリルアン・ゾーン (Brillouin zone) と呼ばれます．図 4.3 においては，横軸が k ですが，$-k_1 \sim k_1$ の範囲が第一ブリルアン・ゾーン，$-k_1 \sim -k_2$ と $k_1 \sim k_2$ の範囲

が第二ブリルアン・ゾーンとなります.

ブリルアン・ゾーンは図 4.4 に示した方法で決められます. すなわち, 図 4.4 では 2 次元の斜方格子に対するブリルアン・ゾーンの作図方法が記されています. これを使うと, まず, 逆格子ベクトルの原点から黒丸で示される隣接の逆格子点へ, 必要な本数だけベクトル (太線) を引き, 各ベクトルの中点を通り, 各ベクトルに垂直な線を引いたとき, これらの線で囲まれた最小の領域が第一ブリルアン・ゾーンになります.

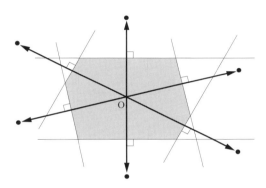

図 4.4 ブリルアン・ゾーンの作図

3 次元のブリルアン・ゾーンを示す前に, 1 次元と 2 次元のブリルアン・ゾーンを示しておきますと, 図 4.5(a),(b) のようになります. 1 次元の場合の k の値は, これを k_n で示しますと, 式 (4.7b) に従って, 次の式で与えられます.

$$k_n = \frac{n\pi}{a}, \quad n = 1, 2, 3 \ldots \tag{4.8}$$

そして, k の値が 0 と k_1 の間の領域が第一ブリルアン・ゾーンですが, k_n には ± がありますので, 実際は図 4.3 においては $-k_1 \sim k_1$ の間の領域が第一ブリルアン・ゾーンになります. そして, 第二ブリルアン・ゾーンは, 図 4.3 にも示しているように, $-k_1 \sim -k_2$ と $k_1 \sim k_2$ の二つの領域になります.

2 次元の場合には k ベクトルに x 成分 k_x と y 成分 k_y があるので, これらの成分を決める, 式 (4.8) に対応する式は, 次のようになります.

$$k_x n_1 + k_y n_2 = \frac{\pi}{a} \left(n_1^2 + n_2^2 \right) \tag{4.9}$$

そして, 1 次元と 2 次元の第一と第二ブリルアン・ゾーンは図 4.5(a),(b) に示すようになり, 当然のことですが, 2 次元のときにはゾーンは面で表されます.

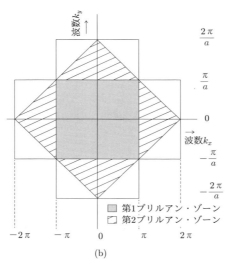

図 4.5　1次元 (a) と 2次元 (b) のブリルアン・ゾーン

3次元の場合には，この場合が本来のブリルアン・ゾーンですが，3次元の x, y, z 成分の k_x, k_y, k_z は，次の式の関係を充たします．

$$k_x n_1 + k_y n_2 + k_z n_2 = \frac{\pi}{a}\left(n_1^2 + n_2^2 + n_3^2\right) \quad (4.10)$$

そして，各ブリルアン・ゾーンは当然立体になります．詳細は省略しますが，ブリルアン・ゾーンの形はこれが対象とする格子の形によって変わります．最も単純な体心立方格子である bcc 格子の第一ブリルアン・ゾーンは図 4.6 に示すようになります．

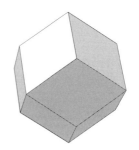

図 4.6　bcc 格子のブリルアン・ゾーン

だから，当然のことですが，格子が bcc と異なって，面心立方格子の fcc や最密六方格子の hcp では各ブリルアンゾーンは似てはいますが，bcc のものとは別

の形になります.

4.2.3 電子の波の周期性とブロッホの定理,および還元ブリルアン・ゾーン

これまでの議論では,電子は周期ポテンシャルを構成する結晶の中で運動しているので,エネルギーギャップが生じ,エネルギーバンドが発生すると述べて来ました.しかし,この記述には飛躍があり,エネルギーバンドが発生するためには,結晶の中を運動する電子の波に周期性がなければなりません.すなわち,結晶の中で運動する電子の波は周期性を持つ波動関数で表されなければなりませんが,このことはフェリックス・ブロッホ (F. Bloch, 1905～1983) によって明らかにされています.

すなわち,電子の波は量子力学では波動関数で表されますが,ブロッホは周期構造を持つ結晶の中を運動する電子の波動関数を $\psi(x)$ とすると,$\psi(x)$ は次の式で表されることを,量子力学を使って証明しました.

$$\psi(x) = u_k(x) e^{ikx} \tag{4.11}$$

このため,この式 (4.11) で表される関数はブロッホ関数と呼ばれています.この式 (4.11) において $u_k(x)$ は格子 a の整数倍 Na の周期の周期関数で,次の関係式を充たします.

$$u_k(x + Na) = u_k(x) \tag{4.12}$$

また,式 (4.11) の e^{ikx} は平面波を表す式ですが,ここでは電子を平面波とし,この式は電子の波を表しているとしています.したがって,電子の波動関数 $\psi(x)$ は周期関数 $u_k(x)$ によって変調を受けています.そして,波動関数 $\psi(x)$ が周期関数であるためには,波動関数 $\psi(x)$ は次の式

$$\psi(x + Na) = \psi(x) \tag{4.13}$$

で表される周期条件を充たしていなければなりません.周期関数 $u_k(x)$ と電子の波を表す関数 e^{ikx} を使うと,波動関数 $\psi(x+a)$ は,式 (4.11) に従って,次の式で表されます.

$$\psi(x + Na) = u_k(x + Na) e^{ik(x+Na)} \tag{4.14}$$

この式 (4.14) と式 (4.11) を,波動関数の周期条件を表す式 (4.13) に代入すると,次の式が得られます.

$$u_k(x + Na) e^{ik(x+Na)} = u_k(x) e^{ikx} \tag{4.15}$$

ここで,式 (4.12) の関係を使うと,この式 (4.15) から,波動関数 $\psi(x)$ が周期条

件を充たす条件として，次の式が充たされなければならないことがわかります．

$$e^{ik(x+Na)} = e^{ikx}$$
$$\therefore e^{ikNa} = 1 \tag{4.16}$$

この式 (4.16) は $kNa = \theta$ とおくと，オイラーの公式に従って，$e^{i\theta} = \cos\theta + i\sin\theta$ の関係があるので，$e^{ikNa} = \cos(kNa) + i\sin(kNa)$ と書けます．したがって，$e^{ikNa} = 1$ の関係が成り立つためには $kNa = 2\pi n, n = 0, 1, 2, \ldots$ の関係式を充たす必要があることがわかります．すなわち，波数 k の値としては $k = 2\pi n/Na$ の関係式を充たすもののみが，波動関数の周期条件を充たすことがわかります．N も n も整数ですので，いま簡単のために $N = 1$ とおいてみると，$k = 2\pi n/a$ となります．だから，波動関数の周期は逆格子の周期と同じであることがわかります．

さて，次に還元ブリルアン・ゾーンの課題に進みましょう．図 4.3 からわかるように，第一ブリルアン・ゾーンの周期は $-\pi/a$ から π/a までの $2\pi/a$ になっています．また，第二ブリルアン・ゾーンは $-2\pi/a$ から $-\pi/a$ までと π/a から $2\pi/a$ までを加えると，やはり周期は $2\pi/a$ になっています．さらに第三以上の高次のブリルアン・ゾーンなど各ブリルアン・ゾーンもすべて，$2\pi/a$ の周期を持っています．

そして，上で見てきたように電子の波動関数も同じ周期を持ちますので，エネルギー $\mathcal{E}$ と波数 k の関係，つまり，$\mathcal{E}$–k 関係を 第一ブリルアン・ゾーンの範囲に表示することが可能になります．このように考えて，第一ブリルアン・ゾーンの範囲にほかのゾーン領域もまとめて表示した，図 4.7 に示す

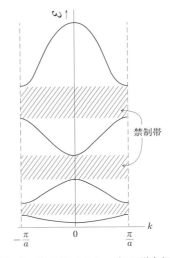

図 4.7 還元ブリルアン・ゾーン形式表示のエネルギーバンド図

各還元ブリルアン・ゾーンを使って表されるエネルギーバンド図は，還元ブリルアン・ゾーン形式のエネルギーバンド図と呼ばれます．

4.3 固体のエネルギーバンド

物性学で取り扱う固体は，これまで述べてきたように，結晶でできていますので，固体のエネルギーバンドの話は前節までの記述で基本的には終わっています．しかし，固体のエネルギーバンドは，固体の中での電子のとりうるエネルギーの範囲を表すもので，極めて重要でもありますので，ここにまとめと注意事項および補足説明を記しておくことにします．

固体のエネルギーバンド図としてよく見かける図は，1 章に示した横長の箱型とか帯状 (バンド) のものです．横長の帯状のエネルギーバンド図と 2 次曲線で表されるエネルギーバンド図の関係は，図 4.3 を見ればわかります．図 4.3 では塗りつぶした帯は禁制帯を表していますが，許容帯を帯で表すと，図 4.8 に示すようになります．普通には帯状のエネルギーバンド図としては，図 4.8 の薄く塗りつぶされた部分だけで示される場合が多いようです．

少し補足しますと，エネルギーバンド図の縦軸は，2 次曲線で描いた場合も，帯状で描いた場合もエネルギーを表します．しかし，横軸は 2 次曲線のエネルギーバンド図では波数 k や波数ベクトル k を表していますが，帯状に描いたエネルギーバンド図では，横軸は特には意味がありません．だから，波数ベクトルとの関係が重要なエネルギーバンドはエネルギー ε と波数 (ベクトル) k の関係が示されている 2 次曲線のエネルギーバンド図を使うべきです．

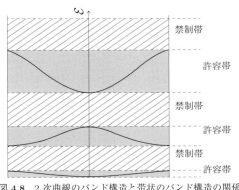

図 4.8 2 次曲線のバンド構造と帯状のバンド構造の関係

4.4 フェルミ準位

物理学で固体の性質について学び始めますと，必ず出てくる学術用語にフェルミ準位とかフェルミエネルギーと呼ばれるものがあります．講義で簡単な説明を

受けた後，次回以降の講義で頻繁に使われるこの言葉の意味がよく理解できず，困惑した経験を持つ初学者は多いのではないでしょうか？

フェルミ準位はそれほど重要なものでしょうか？　答えは，やはり重要だということです．というのは，誰でもが知っているように固体は多数の原子で構成されていて，各原子には複数の電子が存在しますので，固体の中には無数に近い多くの電子が詰まっています．固体に詰まっている多くの電子の中で，最もエネルギーの高い(大きい)電子のエネルギーがフェルミエネルギーで，そのエネルギー位置がフェルミ準位なのです．これは厳密には絶対零度の条件だけで成り立つことですが，金属では0K以上でも近似的に成り立ちます．

フェルミ準位は図4.9に示すようになっています．すなわち，図4.9(a)に示すように線で表されるエネルギー準位図の場合には，電子は下のエネルギーの低い準位から電子が2個ずつ詰まって，最後の電子は最もエネルギーの高い上の(位置)にある準位に詰まります．このもっとも高いエネルギー位置がフェルミ準位です．

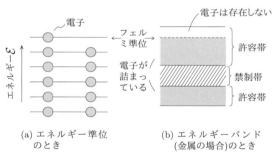

図 4.9　フェルミ準位

また，図4.9(b)に示すように，エネルギーバンドに電子が詰まっている場合には，電子はエネルギーの低い最も下の許容帯から順に詰まっていき，金属の場合には最後に最もエネルギーの高い位置の許容帯に電子が詰まります．この場合には，最後の電子が詰まったエネルギーの最も高い電子の存在する，許容帯の中のエネルギー位置がフェルミ準位になります．そして，フェルミ準位のエネルギーはフェルミエネルギーと呼ばれます．

最もエネルギーの高い準位がフェルミ準位と'フェルミ'がかしら言葉として付いているのは，電子がフェルミ統計に従う粒子であることを示すと共に，電子

4.4 フェルミ準位

の統計を詳しく研究して，この統計の性質を明らかにした研究者がフェルミ (E. Fermi, 1901〜1954) だからです．以上の説明でフェルミ準位の定性的な説明は終わっているのですが，次にフェルミ準位がどのようにして求められるかについて簡単に見ておくことにします．

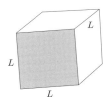

図 4.10 電子が存在する 1 辺が L の立方体の箱

ここでは簡単のために単純なモデルを仮定して検討することにします．いま，図 4.10 に示すような 1 辺が L の立方体の箱に電子が閉じ込められているとします．そして電子の波は周期的な境界条件 $e^{ik(x,y,z)} = e^{ik(x+L,y,z)}$ をみたしているとします．すると箱の中にある電子波の波数ベクトル $\bm{k}$ の x, y, z 成分の k_x, k_y, k_z は，次のように表されます．

$$k_x = \frac{2\pi}{L}n_i, \quad k_y = \frac{2\pi}{L}n_j, \quad k_z = \frac{2\pi}{L}n_k \tag{4.17}$$

波数ベクトル k は $2\pi/L$ の整数倍，つまり n 倍である必要がありますが，n_i, n_j, n_k は n の x, y, z 成分で，これらの値は 0 を含む正負の整数です．n_i, n_j, n_k の充たすべき条件に関する証明については演習問題 4.2 を参照して欲しい．

電子のエネルギーとしては式 (4.5) で表される自由電子のエネルギー $\mathcal{E}$ を使い，$\mathcal{E} = \hbar^2 k^2 / 2m$ とします．すると，k を波数でなく波数ベクトル $\bm{k}$ と考えると，エネルギーは波数ベクトル $\bm{k}$ の x, y, z 成分 k_x, k_y, k_z を使って，次のように表すことができます．

$$\mathcal{E} = \frac{\hbar^2}{2m}\left(k_x^2 + k_y^2 + k_z^2\right) \tag{4.18}$$

いま，箱の中に含まれる電子のエネルギー状態 (準位) はすべて k 空間の，図 4.11 に示す半径 k_F の球 (これはフェルミ球と呼ばれる) の中に含まれるとします．フェルミ球では，エネルギー準位と対応して，原点の位置でのエネルギーが最も低く，半径 k_F のフェルミ球の表面でエネルギーが最も高くなっています．この最も高いエネルギーは E_F で表され，フェルミエネルギーとよばれます．

フェルミエネルギー E_F の大きさは，図 4.11 に示すフェルミ球の半径なので，この図と式 (4.18) を使って，次の式で表されます．

$$E_F = \frac{\hbar^2}{2m}k_F^2 \tag{4.19}$$

ここでは，波数 k としてフェルミ球の半径の k_F を使いました．

フェルミ球の体積を v_F とすると，v_F は $v_F = (4/3)\pi k_F^3$ となりますが，このフェルミ球の体積 v_F はこの球の中に含まれる電子の状態 (準位) の数を表していると考えられます．なぜかといいますと，$\boldsymbol{k}$ ベクトルは式 (4.17) に示すように k 空間の箱の中に k の単位でとびとびに入っているからです．そして，k 空間における $\boldsymbol{k}$ ベクトルの入った箱の体積 V_k となります．

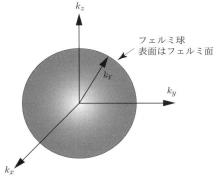

図 4.11 k 空間に示したフェルミ球と k_x, k_y, k_z 軸

したがって，フェルミ球あたりの電子の状態数 (準位の数) を M とすると，M は，フェルミ球の体積 v_F を k 空間の体積要素 $V_F (= (2\pi/L)^3)$ で割って，次の式で表されます．

$$M = \frac{v_F}{V_F} = \frac{\frac{4}{3}\pi k_F^3}{\left(\frac{2\pi}{L}\right)^3} = \frac{1}{6\pi^2}k_F^3 L^3 = \frac{1}{6\pi^2}k_F^3 V \tag{4.20}$$

ここで，V は図 4.10 に示す電子の詰まった箱の実空間の体積です．

しかし，電子はフェルミ粒子であって，1 章でも示したように 2 種類のスピン，つまり上向きスピンと下向きスピンを持っています．スピンの異なる電子は同じ粒子ではないので，同じエネルギー準位に 2 個の電子が詰まることができます．これを考慮すると，体積 V の箱の中の電子の数は 2 倍になります．したがって，状態数はこれを N とすると，上の式では $2M$ になり，N は次の式で表されます．

$$N = 2M = 2 \times \frac{1}{6\pi^2}k_F^3 V = \frac{V}{3\pi^2}k_F^3 \tag{4.21}$$

この式 (4.21) より，フェルミ球の半径 k_F は次の式で表されることがわかります．

$$k_F = \left(\frac{3\pi^2 N}{V}\right)^{\frac{1}{3}} \tag{4.22}$$

なお，k_F はフェルミ波数とも呼ばれます．こうして求めた式 (4.22) のフェルミ波数 k_F を式 (4.19) に代入すると，フェルミエネルギー E_F は，次の式で表されることがわかります．

$$E_F = \frac{\hbar^2}{2m}\left(\frac{3\pi^2 N}{V}\right)^{\frac{2}{3}} \tag{4.23}$$

なお，N は状態数ですが，これは電子の数でもあるので，結局 N/V は電子の密

度になります.

この式 (4.23) を金属材料の銅 Cu に適用してフェルミ準位を計算してみましょう. N/V は電子密度ですから, 銅の場合にはこの値は $8.50 \times 10^{28} [\mathrm{m}^{-3}]$ となります. この値を式 (4.23) に代入して E_F を計算してみると, 約 $7.1[\mathrm{eV}]$ となります. この値は報告されている実際の金属銅 Cu のフェルミ準位とほぼ同じなので, 式 (4.23) は妥当であることがわかります.

4.5 状態密度

最後に, 状態密度を求めておくことにします. 状態密度は単位体積あたり, 単位エネルギーあたりのエネルギー状態数 (準位数) ですが, これは単位体積あたりの, エネルギーの関数として表した状態数 $n(\mathcal{E})$ をエネルギー $\mathcal{E}$ で微分した $dn(\mathcal{E})/d\mathcal{E}$ で表されます. そこで, まず $n(\mathcal{E})$ を求める必要がありますが, $n(\mathcal{E})$ は次のようにして求めることができます.

まず, 式 (4.5) で表される電子のエネルギー $\mathcal{E}$ の式 ($\mathcal{E} = (\hbar^2/2m)k^2$) から k を求め, 求めた k を式 (4.21) の k_F の位置に代入して, 状態数 N を N' とおくと, 次の式が得られます.

$$N' = \frac{V}{3\pi^2 \hbar^3} (2m\mathcal{E})^{\frac{3}{2}} \tag{4.24}$$

この式で表される N' を実空間の単位体積あたりの状態数にするために, この式 (4.24) を電子の入った箱の体積 V で割ります. そして, 式 (4.24) を V で割った状態数をエネルギー $\mathcal{E}$ の関数として $n(\mathcal{E})$ とおきます. 以上の結果, 単位体積あたりの状態数 $n(\mathcal{E})$ は, 次の式で表されることがわかります.

$$n(\mathcal{E}) = \frac{1}{3\pi^2 \hbar^3} (2m\mathcal{E})^{\frac{3}{2}} \tag{4.25}$$

次に, 状態密度 $dn(\mathcal{E})/d\mathcal{E}$ を求めるには, 式 (4.25) で表される $n(\mathcal{E})$ を単位エネルギーあたりにする必要があります. このためには $n(\mathcal{E})$ をエネルギー $\mathcal{E}$ で微分する必要があります. これを実行すると状態密度 $dn(\mathcal{E})/d\mathcal{E}$ として, 次の式が得られます.

$$\frac{dn(\mathcal{E})}{d\mathcal{E}} = \frac{4\pi}{h^3} (2m)^{\frac{3}{2}} \mathcal{E}^{\frac{1}{2}} \tag{4.26}$$

演 習 問 題

4.1 お互いに逆向きに進行する次の二つの波 y_1 と y_2 がある.

$$y_1 = A\sin(\omega t - kx + \delta_1), \quad y_1 = A\sin(\omega t + kx + \delta_2)$$

これらの二つの波を加え合わせて定在波ができることを具体的に示せ．ω は波の角周波数であり，δ_1 と δ_2 は波の位相である．

4.2 結晶格子の中で電子の波動関数が，1辺が L の立方体の箱の中で，周期 L の周期的境界条件を充たすときには，波数ベクトル $\boldsymbol{k}$ の x, y, z 成分である k_x, k_y, k_z について，次の式が成り立つ．

$$\exp(ik_x L) = \exp(ik_y L) = \exp(ik_z L) = 1$$

これらの式が成り立つとき k_x, k_y, k_z はどのような式で表されるかを示せ．

4.3 金 Au の電子密度 $(= N/V)$ は $5.90 \times 10^{28} [\mathrm{m}^{-3}]$ である．金 Au のフェルミエネルギーを求め，エネルギーを eV 単位で示せ．なお，$1[\mathrm{eV}] = 1.602 \times 10^{-19} [\mathrm{J}]$ である．

Chapter 5

固体の熱現象

この章では格子振動を通して格子比熱，電子比熱，そして熱伝導などの熱現象について学びます．固体では原子が熱運動することによって格子振動が起こるので，格子振動では原子の弾性エネルギーに基づく熱エネルギーが関わります．格子振動で発生する弾性波を量子化したものはフォノンと呼ばれますが，フォノンとの関連で格子比熱をまず見ていきます．格子比熱は誘電体など非金属固体の熱現象において重要になります．一方，金属固体では電子比熱が熱現象で重要な役割を果たします．そして，格子比熱や電子比熱を通して固体の熱伝導のメカニズムを学び，なぜ熱が金属でよく伝わり，セラミックスの粉末を焼き固めた焼結物では伝わり難いかについてもその謎を探ります．

5.1 内部エネルギーと比熱

固体の内部エネルギーは固体の持つ全エネルギーを指します．気体の内部エネルギーの場合にはその性質上，運動エネルギーだけで表されますが，固体の内部エネルギーには運動エネルギーのほかに，位置のエネルギーに相当する相互作用エネルギーが加算されます．

物質の内部エネルギーについての古典論は気体粒子を使って確立されました．そこで，まず物質が気体の場合について考えることにします．気体を構成する粒子 (原子や分子) の平均の運動エネルギーを $\mathcal{E}_k$ で表すと，$\mathcal{E}_k$ は次の式で表されます．

$$\mathcal{E}_k = \frac{3}{2} k_B T \tag{5.1}$$

ここで，T は温度 (絶対温度) で k_B はボルツマン定数です．$\mathcal{E}_k$ がなぜこのような式で表されるかの説明は，熱学の初歩が述べてある物理系の教科書などを参考にして頂くとして，ここでは煩雑で長くなるので省略します．だから，一つの座標成分，たとえば x 成分の運動エネルギーの大きさ $\mathcal{E}_{k,x}$ は，古典論ではエネルギー等分配則が成り立つので，式 (5.1) で表される $\mathcal{E}_k$ の 3 分の 1 になり，次の式

$$\mathcal{E}_{k,x} = \frac{1}{2} k_B T \tag{5.2}$$

で表されます．なお，エネルギーは自由度あたり等分に分配されるというのが等

分配則ですが，ここでは各座標成分を1自由度としています．

粒子1[mol]あたりの運動エネルギーの大きさ $\mathcal{E}_{k/\mathrm{mol}}$ は，式 (5.1) にアボガドロ数 N を掛けて，次の式で表されます．

$$\mathcal{E}_{k/\mathrm{mol}} = \frac{3}{2}Nk_BT = \frac{3}{2}RT \tag{5.3}$$

ここで，最後の式では $Nk_B = R$ とおきました．また，アボガドロ数 N は $N = 6.022 \times 10^{23}[1/\mathrm{mol}]$ です．

古典論では固体の場合も運動エネルギーについては気体の場合と同じように考えます．しかし，固体では相互作用による固体のポテンシャルエネルギー (位置のエネルギー) も存在しますので，全エネルギーとしてはこれを付け加える必要があります．詳細は省略しますが，実は固体の相互作用エネルギーも一つの座標あたり $(1/2)k_BT$ になるので，固体のポテンシャルエネルギーの大きさ $\mathcal{E}_p$ は，運動エネルギーと同様に次のようになります．

$$\mathcal{E}_p = \frac{3}{2}k_BT = \frac{3}{2}RT \tag{5.4}$$

全エネルギーで表される固体の内部エネルギー $\mathcal{E}$ は式 (5.1) と式 (5.4) を加え合わせて，比熱を求める関係で単位も付記して，次の式で表されます．

$$\mathcal{E} = 3RT[\mathrm{cal/mol}] \tag{5.5}$$

熱エネルギーについてはエンタルピーと呼ばれるものがありますが，エンタルピーはエネルギーの次元を持ち，物質の発熱や吸熱に関わる状態量です．エンタルピーを H で表すと，H は次の式で表されます．

$$H = \mathcal{E} + pV \tag{5.6}$$

ここで，p と V はそれぞれ粒子の集団の属する系の圧力と物体の体積です．

物体が等圧下の系にあるときには，系が発熱して物体が外部に熱を放出すると，エンタルピー H が下がり，外部から熱を吸収するとエンタルピーは上がります．また，式 (5.6) が示すように，圧力 p が 0 の場合にはエンタルピーは内部エネルギー $\mathcal{E}$ と等しくなります．

物質の比熱は以上で求めた内部エネルギー $\mathcal{E}$ とエンタルピー H を使って，これらを温度 T で微分することによって，次のように求めることができます．比熱には次の式で表される体積を一定にした定積比熱 (または定容比熱) c_v と圧力を一定にした定圧比熱 c_p があります．

$$c_v = \left(\frac{d\mathcal{E}}{dT}\right)_v \tag{5.7a}$$

$$c_p = \left(\frac{dH}{dT}\right)_p \tag{5.7b}$$

本書における議論では定積比熱の方を使います．このため以下に比熱と記載した場合には定積比熱を指すと理解して下さい．

式 (5.5) で表される全エネルギー $\mathcal{E}$ を使って比熱 c_v を，式 (5.7a) に従って求めると，次のようになります．

$$c_v = \left(\frac{d\mathcal{E}}{dT}\right)_v = 3R\,(=3Nk_B)\,[\mathrm{cal/mol\cdot K}] \tag{5.8}$$

だから，比熱 c_v は温度によらず一定になりますが，物質の比熱が一定になることは 1819 年にデュロン (P. Dulong) とプティ (A. Petit) がそれぞれ独立に物質の比熱の実験を通して発見したので，比熱一定の法則はデュロン–プティの法則と呼ばれています．

しかしながら，この比熱一定の法則は必ずしも常には成立しないことが後でわかりました．というのは，固体の比熱 c_v は古典論に基づく内部エネルギー $\mathcal{E}$ を使って計算すると確かに，式 (5.8) で表される式になるのですが，理論的に正しい固体の比熱が得られるとされる，量子論を使うと比熱は一定でないという結果が出ることもあるからです．

すなわち，固体では比熱一定の法則は室温以上の比較的温度の高い領域では成り立ちますが，室温以下の低温では固体の比熱は温度共に急激に下がり，比熱は常に一定ではないことがその後わかってきたのです．低温において比熱は一定値から低下してデュロン–プティの法則からずれるという，低温比熱の謎はアインシュタインによって量子論を使って解明されました．

低温比熱についてはこのあと格子比熱の項で具体的に説明します．また，Na, Ca, Mg などの電子陰性度の低い (電子を放出して陽性になりやすく，陰性になり難い) 元素の物質では，室温以上の温度においても比熱が $3R$ よりも高い値を示します．これは電子比熱が影響しているためですが，これについても以下の電子比熱の項で説明します．

5.2 格子振動とフォノン

固体の温度が高くなると，固体を構成している多くの原子が平衡点の周りで振動を始めます．この振動は調和振動と呼ばれます．調和振動は，高校でも学ぶ単振動と同じものですので，多くの人が慣れ親しんでいる物体の振動現象です．

ここでは，結晶構造を持った固体を想定して調和振動を考えることにします．ここで固体の温度が上がると，図 5.1(a) に示すように各原子は格子位置を中心にして熱振動をはじめます．そして温度がさらに上昇すると，原子の熱振動は激しくなります．

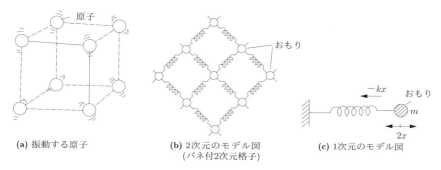

(a) 振動する原子　　(b) 2 次元のモデル図　　(c) 1 次元のモデル図
　　　　　　　　　　　　(バネ付2次元格子)

図 5.1　格子振動の 3 次元，2 次元，1 次元のモデル図

しかし，多数の原子は格子の中で互いにつながって格子を組んでいますので，格子を組んでいる各原子の調和振動はそれぞれが独立に起こっているのではなく，振動する原子はお互いに相互作用しています．このため，格子を組んだ原子の振動である格子振動は'結合した原子の調和振動'と呼ばれています．

格子を組んだ原子の状態を，バネの付いたおもりを使ってモデリックに 2 次元で表すと，図 5.1(b) に示すようになります．さらに単純化して 1 次元で表すと図 5.1(c) に示すように，よく見かける単振動 (調和振動) を表す図に描けます．

1 次元の調和振動のポテンシャルエネルギーの大きさ $U_{p,x}$ は，バネ定数を K，振動の中心からの変位を x として，次の式で表されます．

$$U_{p,x} = \frac{1}{2}Kx^2 \tag{5.9}$$

バネ定数 K と原子の調和振動の角周波数 ω の間には，m をバネにつけたおもりの質量として，次の関係

$$K = m\omega^2 \tag{5.10}$$

があるので，角周波数 ω は次の式で表されます．

$$\omega = \sqrt{\frac{K}{m}} \tag{5.11}$$

格子振動は振動波として結晶の中を伝わりますので，ω はこの波の角周波数とも

解釈できます.

格子振動する原子の運動エネルギーの x 成分の大きさは, m を原子の質量によみかえ, v_x を x 方向の速度とすると, $U_{k,x} = (1/2)mv_x^2$ となるので, 調和振動する原子の全エネルギーの x 成分の大きさ U_x は式 (5.9) にこれを加えて, 次のように二つの成分で表されます.

$$U_x = \frac{1}{2}mv_x^2 + \frac{1}{2}Kx^2 \tag{5.12a}$$

$$= \frac{1}{2m}p_x^2 + \frac{1}{2}m\omega^2 x^2 \tag{5.12b}$$

ここで, 式 (5.12b) の p_x は運動量の x 成分です. 実は調和振動する原子の全エネルギー, つまり U の x, y, z 成分を加えた合計は 6 成分になります. そして, 1 成分 (自由度) あたりのエネルギーを $(1/2)k_BT$ とすると, 全エネルギー U は前節に示した式 (5.5) と同じになります.

以上は格子振動の古典論ですが, 次に格子振動の量子論に進むことにします. この問題を量子論で解く場合には, 基本式として次の, 時間に依存しないシュレーディンガー方程式を使う必要があります.

$$H\psi(x) = \varepsilon\psi(x) \tag{5.13}$$

ここで, H は運動エネルギーと位置のエネルギーを合わせた, 全エネルギーを演算子化したハミルトニアンです. また, $\psi(x)$ は波動関数, ε はエネルギー固有値です.

ハミルトニアン H は補足 5.1 に示すように, 次の式で表されます.

$$H = -\frac{\hbar^2}{2m}\frac{d^2}{dx^2} + \frac{1}{2}m\omega^2 x^2 \tag{5.14}$$

したがって, この式 (5.14) の H を式 (5.13) に代入すると, シュレーディンガー方程式は次のようになります.

$$\left(-\frac{\hbar^2}{2m}\frac{d^2}{dx^2} + \frac{1}{2}m\omega^2 x^2\right)\psi(x) = \varepsilon\psi(x) \tag{5.15}$$

この式 (5.15) を解くのは本書の守備範囲を越えますので省略しますが (代表的な量子力学の教科書にはすべて説明されていますので, それらを参照して頂きたい), この式 (5.15) を解いて得られるエネルギー固有値 ε は, これを ε_n で表すと, 次のようになります.

$$\varepsilon_n = \left(n + \frac{1}{2}\right)\hbar\omega, (n = 0, 1, 2, 3, \ldots) \tag{5.16}$$

この式 (5.16) で表されエネルギー固有値 ε_n が格子の熱振動に基づく格子振動の

◆ **補足 5.1 エネルギーを演算子化してハミルトニアン H を求めること**

運動量 p の x 成分は p_x で表されますが,これを演算子化すると (矢印で表す)

$$p_x \to -i\hbar \frac{d}{dx} \tag{S5.1}$$

となります.また,運動量の 2 乗の p_x^2 を演算子化すると,次のようになります.

$$p_x^2 \to -\hbar^2 \frac{d^2}{dx^2} \tag{S5.2}$$

したがって,$\frac{1}{2m}p_x^2 + \frac{1}{2}m\omega^2 x^2$ を演算子化すると,この式 (S5.2) を使って,

$$\frac{1}{2m}p_x^2 + \frac{1}{2}m\omega^2 x^2 \to -\frac{\hbar^2}{2m}\frac{d^2}{dx^2} + \frac{1}{2}m\omega^2 x^2 \tag{S5.3}$$

となります.補足しますと,演算子とは,演算子の後ろに来る式や関数に演算の種類と演算を指示する記号です.たとえば,$+X$ なら,$+$ が演算子で,前の項に X を加えなさいという意味ですし,$(d/dt)F(t)$ なら,d/dt が演算子で,$F(t)$ を t で微分しなさいという意味です.

エネルギーになります.なお,格子振動が振動波を作って結晶の中を伝わることは量子論においても同じです.

ここで,この式 (5.16) は括弧をほどくと $n\hbar\omega + (1/2)\hbar\omega$ となりますが,後者の $(1/2)\hbar\omega$ は $n=0$ のときのエネルギーで,基底エネルギーと呼ばれます.この基底エネルギーは絶対零度の状態における格子のエネルギーになります.この振動は絶対零度の状態でエネルギーの存在しない場合に存在する不思議な振動で,零点 (またはゼロ点) 振動と呼ばれます.そして,この振動のエネルギーは零点エネルギーとも呼ばれています.

以上で,格子振動のエネルギーが求まりましたが,このエネルギー ε_n は,n が 0 から始まる整数なので,式 (5.16) に n を代入すると,エネルギーの値は $(1/2)\hbar\omega, (3/2)\hbar\omega, 2\hbar\omega, (5/2)\hbar\omega, 3\hbar\omega, \ldots$ となります.こうしたとびとびのエネルギー値を持つ格子の熱振動によってできる波はフォノン (音子,phonon) と呼ばれます.光の場合に電磁波が光子 (フォトン,photon) と呼ばれ,これが粒子として使われるように,格子振動の場合のフォノンも粒子的にも扱われます.しかし,フォトンは実在する粒子で素粒子の一つですが,フォノンは熱励起の状態を表すものなので,素粒子ではなく素励起とか準粒子といわれています.

なお,フォトンのエネルギーはプランクの定数 h とフォトンの振動数 ν を使って $h\nu$ で表されますが,フォノンのエネルギーは (0 点エネルギーの $1/2\hbar\omega$ を除いて) 普通,$\hbar\omega$ で表されています.$h\nu$ と $\hbar\omega$ は一見したところでは異なったものに見えますが,h と $\hbar$ の間に成り立つ関係と ν と ω の間に成り立つ関係とを考量

すると，$h\nu$ と $\hbar\omega$ は同じ，つまり $h\nu = \hbar\omega$ の関係が成り立つことがわかります．

実は振動する各格子の原子の振動波の角周波数 ω は 1 種類ではなく，多数あります．周囲の条件や温度によっても角周波数 ω は変わりますのでこれは当然のことです．異なる角周波数は，角周波数の波数 k を使って ω_k で表されます．したがって，振動波が多くの角周波数成分を持っている場合のフォノンのエネルギー $\mathcal{E}_n$ は，角周波数 ω_k を使い，各周波数のフォノンのエネルギーを足し合わせて，次の式で表されます．

$$\mathcal{E}_n = \sum_k \hbar\omega_k \left(n + \frac{1}{2}\right) \tag{5.17}$$

なお，フォノンはフォトンと同じくボース粒子に属しますので，その統計分布はボース–アインシュタイン統計に従います．

5.3 格 子 比 熱

格子比熱とは格子を組んだ状態の固体の多くの原子が熱振動することによって生じるエネルギーに基づく比熱のことです．ですから，結局，格子比熱とは固体の比熱ということになります．古典論では，5.1 節で述べた式 (5.8) で表されますので，比熱は $3R(=3N_kB)$[cal/mol·K] となります．

ここで，格子を組んだ状態の格子比熱も古典論では同じ式 (5.8) で表されることを，まず説明することにします．すると次のようになります．固体の運動エネルギーと位置のエネルギーの和で表される 1 振動子あたりの全エネルギー U は，x 成分が式 (5.12a) で表されるので，これに y 成分と z 成分を加えて，次のようになります．

$$U = \frac{1}{2}mv_x^2 + \frac{1}{2}mv_y^2 + \frac{1}{2}mv_z^2 + \frac{1}{2}Kx^2 + \frac{1}{2}Ky^2 + \frac{1}{2}Kz^2 \tag{5.18}$$

古典論ではエネルギー等分配則が成り立ち，1 自由度あたりの平均エネルギーは $(1/2)k_BT$ になるとされています．この法則を式 (5.18) に適用すると，いまの場合には自由度は 6 になるので，1 振動子あたりの全エネルギー u_k は次の式で表されます．

$$u_k = 6 \times \left(\frac{1}{2}\right) k_BT = 3k_BT \tag{5.19}$$

したがって，1 モルあたりでは式 (5.19) にアボガドロ数 N を掛けて格子振動の全エネルギー U は，次のようになります．

$$U = 3Nk_BT = 3RT \tag{5.20}$$

この式は式 (5.5) と同じになるので，比熱 c_v は $3R(=3Nk_B)[\mathrm{cal/mol\cdot K}]$ となるわけです．

量子論ではフォノンを使いますが，ここでは簡単のためにフォノンのエネルギーとしては式 (5.16) の角周波数 ω が 1 種類の場合の式を使うことにします．だから，$n=1$ として基底エネルギーを除くと，フォノンのエネルギーは $\hbar\omega$ となります．しかし，比熱の値を求めるために単純にこのエネルギー $\hbar\omega$ を使うことはできません．なぜかといいますと，固体結晶の中にはおびただしく多数のフォノンが存在しますので，比熱の計算に使用するエネルギーとしてはフォノンの平均エネルギーを使う必要があるからです．

格子振動によるフォノンの平均エネルギーは，補足 5.2 の説明におけるある物理量 Q を，フォノンのエネルギー $\langle\mathcal{E}\rangle$ に採ることによって求めることができます．いま，多くのフォノンがあるとして n 番目のフォノンのエネルギーを $\mathcal{E}_n$ とします．そして，エネルギー $\mathcal{E}_n$ のフォノンが存在する確率 r_n が古典統計力学の場合と同じように扱えるとすると，エネルギー $\mathcal{E}_n$ のフォノンの存在確率 r_n は，$\beta=1/(k_BT)$ として，次の式で与えられます．

$$r_n = e^{-n\mathcal{E}\beta} \tag{5.21}$$

すると，補足 5.2 の物理量を表す Q を $\mathcal{E}$ に，i 番目について Q_i を $\mathcal{E}_i$ とすると，式 (S5.4) に従って，フォノンのエネルギーの平均 $\langle\mathcal{E}\rangle$ は，次のように表すことができます．

$$\langle\mathcal{E}\rangle = \frac{\sum_{s=1}^n \mathcal{E}_s r_s}{\sum_{s=1}^n r_s} \tag{5.22a}$$

また，s 番目のフォノンのエネルギー $\mathcal{E}_s$ は $\mathcal{E}_s = s\hbar\omega$ となるので，この関係と式 (5.21) の関係を使うと式 (5.22a) のフォノンの平均エネルギー $\langle\mathcal{E}\rangle$ は，次のように表すことができます．

$$\langle\mathcal{E}\rangle = \frac{\sum_{s=1}^n s\hbar\omega e^{-s\mathcal{E}\beta}}{\sum_{s=1}^n e^{-s\mathcal{E}\beta}} \tag{5.22b}$$

$$= \frac{\hbar\omega \sum_{s=1}^n s e^{-s\mathcal{E}\beta}}{\sum_{s=1}^n e^{-s\mathcal{E}\beta}} \tag{5.22c}$$

こうして得られた式 (5.22c) がフォノンの平均エネルギーを表す式なので，エネルギー $\langle\mathcal{E}\rangle$ の式 (5.22c) を演算して具体的に求め，これを温度 T で微分すればフォノンの比熱を求めることができます．

さて，次は式 (5.22c) の計算ですが，この計算は多少厄介です．すなわち，補足 5.2 に示すように少し技巧をこらす必要があります．ここで，便宜上，この

5.3 格子比熱

式 (5.22c) の $\hbar\omega$ を除いた残りの部分を,次のように $\langle n \rangle$ とおくことにします.

$$\langle n \rangle = \frac{\sum_{s=1}^{n} s e^{-s\mathcal{E}\beta}}{\sum_{s=1}^{n} e^{-s\mathcal{E}\beta}} \tag{5.23}$$

また,指数関数を次のように x とおくことにします.

$$x = e^{-\mathcal{E}\beta} \tag{5.24}$$

すると,補足 5.2 に示すように式 (5.23) で表される $\langle n \rangle$ は,次のように書けます.

$$\langle n \rangle = \frac{\sum s x^s}{\sum x^s} \tag{5.25}$$

この式 (5.25) を演算すると,補足 5.2 に説明するように,$\langle n \rangle$ は次の式に近似できます.

$$\langle n \rangle = \frac{x}{1-x} \tag{5.26}$$

ここで,x を式 (5.24) に従って元に戻すと $\langle n \rangle$ として,次の式が得られます.

$$\langle n \rangle = \frac{e^{-\mathcal{E}\beta}}{1 - e^{-\mathcal{E}\beta}} \tag{5.27a}$$

$$= \frac{1}{e^{\mathcal{E}\beta} - 1} \tag{5.27b}$$

ここで,$\mathcal{E} = \hbar\omega$ とし,$\langle n \rangle$ の式 (5.27b) を,式 (5.23) を考慮して式 (5.22c) に代入すると,フォトンの平均エネルギー $\langle \mathcal{E} \rangle$ として,次の式が得なれます.

$$\langle \mathcal{E} \rangle = \frac{\hbar\omega}{e^{\hbar\omega\beta} - 1} \tag{5.28}$$

式 (5.28) で表されるフォノンの平均エネルギー $\langle \mathcal{E} \rangle$ は,振動子 1 個あたりのエネルギーですので,N 個の振動子に対しする平均エネルギー U は,これに N を掛けて,次の式で与えられます.

$$U = \frac{N\hbar\omega}{e^{\hbar\omega\beta} - 1} \tag{5.29}$$

フォノンの比熱は,このエネルギー U を絶対温度 T で微分すると得られます.ここでは,慣例に従って偏微分を使いますと,(定積) 比熱 c_v は次のように求めることができます.

$$c_v = \left(\frac{\partial \langle U \rangle}{\partial T}\right)_v = N k_B \left\{\frac{\hbar\omega}{k_B T}\right\}^2 \frac{e^{\hbar\omega\beta}}{(e^{\hbar\omega\beta} - 1)^2} \tag{5.30}$$

この式 (5.30) はアインシュタイン (A. Einstein, 1879〜1955) が比熱に初めて量子論を適用して求めた比熱の式で,アインシュタイン・モデルの式と呼ばれています.こうして低温比熱はアインシュタインによって明らかにされました.

◆ **補足 5.2　物理量の平均値を求めることと，式 (5.28) を導くこと**

いま，$Q_1, Q_2, Q_3, \ldots, Q_n$ を一連の物理量とし，それぞれが存在する確率を $r_1, r_2, r_3, , r_n$ とすると，物理量 Q の平均値 $\langle Q \rangle$ は，3 章の式 (3.1) に示したように次の式で与えられます．

$$\langle Q \rangle = \frac{\sum_{s=1} Q_s r_s}{\sum_{s=1} r_s} \tag{S5.4}$$

たとえば，Q がサイコロを振ったときに出る目の数だとしますと，サイコロを振って出る目の数の平均値は，Q を目の数として，$Q_1 \sim Q_6$ は 1～6 となります．また，目の出る確率 r_n はすべて同じで 1/6 です．この条件でサイコロを振ったとき，期待できる出る目の数を式 (S5.4) を使って計算すると，分子は $(1/6) \times (1+2+3+4+5+6) = 21/6 = 3.5$ となり，分母は $(1/6) \times 6 = 1$ となるので，サイコロの出る目の n 期待値は 3.5 と計算できます．

式 (S5.4) をフォノンの平均エネルギーの計算に適用するには，物理量 Q_n をフォノンの個々のエネルギーの $\mathcal{E}_n (= n\hbar\omega)$ とし，存在する確率 r_n は $e^{-n\hbar\omega\beta}$ とすればよいことがわかります．このようにすると，式 (S5.4) の物理量の平均値 $\langle Q \rangle$ に対応するフォノンのエネルギーの平均値 $\langle \mathcal{E} \rangle$ は，n を s に変更して，次の式で表されることがわかります．

$$\langle \mathcal{E} \rangle = \frac{\hbar\omega \sum_{s=1}^n s e^{-s\hbar\omega\beta}}{\sum_{s=1}^n e^{-s\hbar\omega\beta}} \tag{S5.5}$$

ここで，次のように $e^{-\hbar\omega\beta}$ を x とおくことにします．

$$x = e^{-\hbar\omega\beta} \tag{S5.6}$$

この x を使って書き変えると，式 (S5.5) は次のようになります．

$$\langle \mathcal{E} \rangle = \frac{\hbar\omega \sum_{s=1}^n s x^s}{\sum_{s=1}^n x^s} \tag{S5.7}$$

式 (S5.7) の $\hbar\omega$ 以外の項を $\langle n \rangle$ とおくと，$\langle n \rangle$ は次の式で表されることがわかります．

$$\langle n \rangle = \frac{\sum_{s=1}^n s x^s}{\sum_{s=1}^n x^s} \tag{S5.8}$$

この式 (S5.8) の分母の x は $e^{-\hbar\omega\beta}$ ですが，この値は 1 より十分小さいと考えられるので，n を十分大きいとすると無限等比級数の和の公式を使って，次のようになります．

$$\sum_{s=1}^n x^s = \frac{x}{1-x} \tag{S5.9}$$

また，分母の演算については，演算に少し技巧をこらすと，次に示すように計算できることがわかります．

$$\sum_{s=1}^n x^s = x\frac{d}{dx}\sum x^s = x\frac{d}{dx}\frac{1}{1-x} = \frac{x}{(1-x)^2} \tag{S5.10}$$

5.3 格子比熱

これらの式 (S5.9) と式 (S5.10) を使うと，式 (S5.8) は次のように計算できます．

$$\langle n \rangle = \frac{\sum_{s=1}^{n} s x^s}{\sum_{s=1}^{n} x^s} = \frac{\frac{x}{(1-x)^2}}{\frac{1}{1-x}} = \frac{x}{1-x} \tag{S5.11}$$

ここで，x を $x = e^{-\hbar\omega\beta}$ として元に戻すと式 (S5.11) は，次のように書けます．

$$\langle n \rangle = \frac{e^{-\hbar\omega\beta}}{1 - e^{-\hbar\omega\beta}} \tag{S5.12a}$$

$$= \frac{1}{\hbar\omega e^{\hbar\omega\beta} - 1} \tag{S5.12b}$$

この式 (S5.12a) の $\langle n \rangle$ に $\hbar\omega$ を掛けると式 (S5.5) の内容と同じになるので，フォノンのエネルギーの平均値 $\langle \mathcal{E} \rangle$ として，次の式が得られます．

$$\langle \mathcal{E} \rangle = \frac{\hbar\omega e^{-\hbar\omega\beta}}{1 - e^{-\hbar\omega\beta}} \tag{S5.13a}$$

$$= \frac{\hbar\omega}{e^{\hbar\omega\beta} - 1} \tag{S5.13b}$$

なお，N 個の原子の 3 個の自由度を考えると，N は $3N$ になるので比熱 c_v は式 (5.30) の 3 倍になり，このときの比熱を C_v とすると $C_v = 3c_v$ となります．高温を想定し式 (5.30) において T の値が大きいとしてこれを近似計算すると，c_v の値は Nk_B となります．したがって高温における比熱 C_v の値は古典論の場合と同じように $3Nk_B$ となります．

式 (5.30) による比熱の計算結果を図 5.2 にプロットして点線で示しました．比較のために，実測の結果も黒丸●で示しておきましたが，両者はかなりよい一致を示していて，量子論の正しいことがわかります．古典論による計算結果も，式 (5.20) を使って破線の横線で示しましたが，これは温度の変化にかかわらず一定になりますので大きな違いがわかります．

しかし，図 5.2 の結果をよく見ると，アインシュタイン・モデルの比熱の式 (5.30) による，短い破線で示す計算結果は，実測値とずれています．殊に絶対零度に近いごく低温に近づくほど実測値から大きくずれています．この原因は，その後デバイ (P. Debye, 1884〜1966) によって詳しく検討されました．

デバイが詳しく検討した結果，次のことがわかりました．すなわち，式 (5.30) の導出では，単純化してフォノンの角周波数 ω を一定と仮定して計算しています．しかし，実際にはフォノンの振動は多数の周波数 f で振動していますので，すでに説明したように角周波数 $\omega (= 2\pi f)$ も一定ではなく，多くの角周波数を持っています．

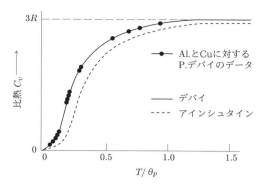

図 5.2 低温比熱の理論値と実測値の比較

デバイは格子振動を連続弾性体の弾性振動で近似するモデル (デバイ・モデル) を使って，アインシュタイン・モデルを修正し，フォノンのエネルギーに多くの角周波数成分が存在するとした式 (5.17) を使うなどして，正しい低温比熱の式として，次の比熱 C_v の式を導きました．

$$C_v = 9Nk_B \left(\frac{T}{\Theta_D}\right)^3 \int_0^{x_D} \frac{x^4 e^x}{(e^x - 1)^2} dx \tag{5.31}$$

ここで，Θ_D はデバイ温度と呼ばれるものです．ω_D はデバイ角周波数ですが，Θ_D は ω_D を使って，次の式で定義されます．

$$\Theta_D = \frac{\hbar \omega_D}{k_B} \tag{5.32}$$

たとえば，Na, K, Cu, Ag, Al などのデバイ温度 Θ_D は，それぞれ 156[K], 91.1[K], 343[K], 226.2[K], 428[K] などになります．また，式 (5.31) の x_D は同じく ω_D を使って，次の式で与えられます．

$$x_D = \frac{\hbar \omega_D}{k_B T} \tag{5.33}$$

式 (5.31) は式が複雑で物理的な内容が今一つはっきりしないので，簡単に説明するとともに，近似式を示すと次のようになります．まず，デバイ温度 Θ_D より高温では格子比熱 C_v は古典論の値の $3R(= 3Nk_B)$ に近づきます．そして，デバイ温度 Θ_D 以下の低温では，比熱 C_v の式 (5.31) は，次の式で近似できます．

$$C_v = 234 N k_B \left(\frac{T}{\Theta_D}\right)^3 \tag{5.34}$$

デバイの導いた式 (5.31) はデバイ・モデルの式と呼ばれますが，この式を使って計算した結果は図 5.2 に実線で示しました．この図の結果が示すようにデバイ・

モデルの式による計算結果は，絶対零度に近いごく低温の領域においても実測値とよい一致を示していて，低温比熱を説明する正しい式であることがわかります．

 5.4 電 子 比 熱

　前の節では固体の中でのフォノンによる格子比熱について述べましたが，固体の中で運動しているもっと重要な粒子に伝導電子があります．そして，フォノンによる格子比熱に対して，伝導電子の運動エネルギーによる比熱は電子比熱と呼ばれます．電子比熱は固体の比熱に影響しないのでしょうか？　結論からのべると，図 5.2 に示したように，低温比熱ではデバイ・モデルの式で計算した格子比熱の値が固体の比熱の実測値とよく一致していますので，電子比熱の影響は少なそうです．

　しかし，電子比熱の大きさは物質の種類や周囲の雰囲気によっても異なりますので，温度によっては電子比熱の固体比熱への影響がないとは言えません．それに，このあとで述べる熱伝導では，電子比熱は金属の熱伝導において重要な役割を果たしています．

　前置きはこのくらいにして，ここではまず電子比熱の現象を，これがどのようなものか調べておきましょう．4 章で述べたように，物質の中にはフェルミ準位 E_F まで電子が詰まっています．つまり，フェルミ準位までのエネルギーの電子が存在します．たとえば，絶対零度では電子はフェルミ準位以下にだけに存在し，フェルミ準位以上のエネルギー準位は空になっています．しかし，絶対零度より高い温度では電子は周囲の温度からエネルギーを得てフェルミ準位以上のエネルギー準位にも多少存在できるようになります．

　温度が上昇しても，温度がそれほど高くなければフェルミ準位 E_F 以上に存在する電子は非常に少なく，フェルミ準位 E_F 以下の価電子帯では電子がほぼ詰まっていて，席が空いている準位は非常に少ない状態です．電子のエネルギーが物体に作用して物体を温めるには，フェルミ準位より高いエネルギー準位にいる電子が，フェルミ準位以下の低い準位に遷移して，エネルギーを物体に与えなければなりません．しかし，上の準位の電子が下の準位に遷移するには，下の準位に空(あき)がなければなりません．だから，下の準位に空きがない状態では電子は遷移できませんので物体へのエネルギーの供給ができないのです．

　具体的にどの程度の電子がフェルミ準位以下の準位に遷移し，これによってエネルギーが放出できるかを見積もってみましょう．いま，物体の温度が T だけ上

昇したとすると熱エネルギーは $k_B T$ となります．すると，価電子帯にいた電子のいくらかが上の準位に励起されるので，フェルミ準位より上の領域に電子が存在することになります．そして，フェルミ準位 E_F の下の領域には $k_B T$ 程度のエネルギー範囲に空きの準位ができます．この状態のとき動くことのできる (すなわち，運動できる) 電子は，エネルギー準位からのエネルギー差の値が $k_B T$ の範囲のものです．

温度が T のときに運動することのできる全電子のエネルギーを見積もると，次のようになります．ここで，フェルミ準位のエネルギーを温度に換算した温度であるフェルミ温度 T_F と呼ばれる温度を使うことにします．すると，全電子を収容したときの温度が T_F なので，温度 T のときに動くとのできる電子の総数は電子の総数 N の T/T_F 程度になります．これらの電子が $k_B T$ のエネルギーを持つので，これらの電子の総エネルギーを $\mathcal{E}_{el}$ とすると，$\mathcal{E}_{el}$ は次の式で示すようになります．

$$\mathcal{E}_{el} = \left(N \times \frac{T}{T_F} \right) \times kBT = \frac{Nk_B T^2}{T_F} \tag{5.35}$$

この式のフェルミ温度 T_F は，フェルミエネルギー (フェルミ準位 E_F の値) をボルツマン定数で割った値で，次の式で表されます．

$$T_F = \frac{E_F}{k_B} \tag{5.36}$$

なお，フェルミ温度は絶対温度で数万 [K] になるので，数百 [K] の温度上昇では，上昇温度の値はフェルミ温度のせいぜい 1～2% に過ぎないのです．

さて，電子比熱 (の容量比熱) を $C_{v,el}$ とすると，$C_{v,el}$ は，式 (5.35) で表される動くことのできる全電子のエネルギーの大きさ $\mathcal{E}_{el}$ を温度 T で偏微分して，次の式で表されます．

$$C_{v,el} \doteqdot \left(\frac{\partial \mathcal{E}_{el}}{\partial T} \right)_v \doteqdot \frac{2Nk_B T}{T_F} \tag{5.37a}$$

この式 (5.37a) で表される $C_{v,el}$ の式は近似式を使って計算した概略的なものなので，電子比熱 $C_{v,el}$ としては，式 (5.37a) の 2 を省いた，次の式で表される式が一般に使われます．

$$C_{v,el} \doteqdot \left(\frac{\partial \mathcal{E}_{el}}{\partial T} \right)_v \doteqdot \frac{Nk_B}{T_F} T \tag{5.37b}$$

この式 (5.37b) からわかるように，電子比熱 $C_{v,el}$ は温度 T の上昇と共に温度に比例して直線的に増加します．だから，自由に移動できる伝導電子を多数含む金属では，高温の固体比熱に電子比熱の影響が効くようになります．

5.5 熱 伝 導

固体を伝わる熱の流束を q とすると，q は単位断面積あたり，単位時間あたりに固体を伝わる熱量として定義され，次の式で表されます．

$$q = \alpha_T \times \frac{dT}{dx} \tag{5.38}$$

ここで，α_T は熱伝導率 (熱伝導度ともいう) で，dT/dx は温度勾配です．

原子が格子状に並んで結晶構造を作っている結晶固体では，格子を組んでいる関係で熱伝導は等方的ではなくなります．すなわち，結晶軸の方向が異なると，熱の伝わり方も違ってきますので，熱伝導にも多少の異方性が現れます．ここではこの異方性を無視して代表的な物質の熱伝導率を表 5.1 に示しておきます．表 5.1 を見ると明らかなように，金属では熱伝導率が大きくなります．次に説明するように，これは金属の熱伝導は金属中を動き回る伝導電子が担っているからです．

イオン結晶や共有結合結晶の固体では，絶縁性のために電子は固体内を移動できないので，熱はフォノンによって運ばれます．しかし，結晶に格子欠陥などの異常があると，フォノンはその場所で散乱されますので，格子欠陥を多く含む物質では熱伝導率が低くなります．だから，結晶粒界の多い合金などの熱伝導率は低くなります．これに反し，純粋なほぼ完全な単結晶でできた若干の物質，たとえば Si 結晶やダイヤモンドなどの共有結合結晶では熱伝導率は非常に高くなっています．

熱伝導率 α_T を数式で表すと，熱伝導が電子による場合と格子振動 (フォノン) による両方の場合を一つの式を使って，次の式で表されます．

$$\alpha_T = \frac{1}{3} n C_v v_s l \tag{5.39}$$

ここで，n は伝導電子またはフォノンの密度，C_v は電子比熱または格子比熱です．また，v_s は電子またはフォノンの平均移動速度，l は平均自由行程で，粒子の衝突から衝突までの平均距離を表します．ですから，欠陥の少ない純粋な物質では平均自由行程 l の値が長く (大きく)，格子欠陥の多い物質や合金材料では短く (小さく) なります．その結果，これらの熱伝導率 α_T の値は前者の場合に大きく，後者では小さくなります．

銅や銀のような金属では熱伝導は伝導電子によりますので，式 (5.39) では電子

表 5.1　代表的な物質の熱伝導率

物質	熱伝導率 $\alpha_T[\mathrm{W/m\cdot K}]$
Al	236
Cu	398
Ag	420
Fe	84
Ni–Cr 合金	14.3
Si	168
NaCl	6.8
C(ダイヤモンド)	1000〜2000
水晶	8
ガラス	1
木材	0.15〜0.25
空気	0.024
カーボンナノチューブ	3000〜5500

比熱が主に働きます．そして，電子の速度 v_s や平均自由行程 l の値はフォノンに比べて 10〜100 倍大きい値になるので，熱伝導率 α_T は非金属に比べて大きくなっています．しかし，表 5.1 に示すように，非金属でも純粋な物質では金属の熱伝導率より高いものもあります．

純粋な金属では熱伝導は (伝導) 電子によって起こるので，熱伝導率 α_T と電気伝導率 α_e との間に次の関係式が成り立ちます．

$$\frac{\alpha_T}{\alpha_e T} = L \tag{5.40}$$

この式 (5.40) で表される関係はヴィーデマン–フランツの関係式と呼ばれています．そして，L の値は多くの金属でほぼ一定で，$L \doteqdot 2.2 \sim 3.0 \times 10^{-8}[\mathrm{W\Omega K^{-2}}]$ 程度の値をとります．

高温炉などでは熱伝導率の極めて低い熱絶縁性のよい材料が使われますが，高炉用の絶縁性のよい耐火物やセラミックスの内部には多くの穴が存在します．内部に多くの小さい穴があるような構造の材料では熱絶縁性が高くなりますが，その理由は次のようになります．

すなわち，材料の内部に多くの穴があると，穴には空気が入り込みますが，そうすると材料の中で空気の占める割合が大きくなります．空気は表 5.1 にも示しますように熱伝導率が低いので，物質全体の熱伝導率も低くなるのです．

しかし，空気以上に熱絶縁の高いものがあり，それは真空です．真空では熱は輻射でしか伝わらないからです．たとえば，魔法瓶は真空をうまく利用した熱絶縁性の優れた器具になっています．

演 習 問 題

5.1 $h\nu = \hbar\omega$ の関係が成り立つことを具体的に示せ.

5.2 一般には金属のフェルミ準位 E_F はおおよそ $5[\mathrm{eV}]$ といわれているが, 詳細に見ると銅 Cu のフェルミ準位は $7.06[\mathrm{eV}]$ である. このフェルミ準位の値を使って, Cu のフェルミ温度 T_F の値を具体的に計算せよ. なお, $1[\mathrm{eV}] = 1.6 \times 10^{-19}[\mathrm{J}]$, $k_B = 1.38 \times 10^{-23}[\mathrm{J/K}]$ である.

5.3 デバイ角周波数 ω_D の値を, Al の場合について計算して求めよ.

5.4 デバイの比熱の式 (5.31) では, 積分範囲が 0 から x_D となっているが, これはなぜか? この問題では, x_D が x の上限になっているのは, x はこれ以上の値をとることができないことを示しているが, このことに注意して答えよ.

5.5 デバイ角周波数 ω_D は角周波数 ω の上限値だといわれるが, 格子振動において角周波数 ω に上限がある理由を考察すると共に, この上限値を決めている物理量の値を推定して, 推定した値を使って, デバイ角周波数 ω_D を概算してその値を示せ.

Chapter 6

電 気 伝 導

　固体の中における電子の重要な役割に，電荷を持つ電子の移動によって起こる電気伝導があります．この章では結晶の中における電子の振る舞いを通して電気伝導を学びます．最初に金属における電気伝導について概略を説明したあと，電子の有効質量について学びます．この章では固体を結晶として扱い，結晶の中で運動する電子の質量である有効質量を説明します．この説明の中で，結晶格子の中を運動する電子が，波の束を作って格子と相互作用しながら結晶の中を移動することや，電子波の運動速度が群速度と呼ばれることを学びます．続いてエネルギーバンドと電気伝導の関係について学び，金属と絶縁体および半導体との違いを電気伝導の違いに着目してエネルギーバンドを使って説明します．

6.1 金属の電気伝導

6.1.1 電子の移動度と電気伝導率

　電気伝導は金属の中で電荷を持った電子が移動することによって起こります．電子物性では金属が規則正しく格子を組んだ結晶構造であることが重要になります．すなわち，電気伝導に与かる電子が格子状に配列した金属イオンの中を運動していることに注目する必要があります．電気伝導に寄与する電子は集団化した荷電粒子で，これらは格子を組んだ金属イオンの周りを自由に動き回っています．また，電子は量子力学的な粒子であって，波でもありますから，電子は波として格子の中を回折しながら進行していることも重要になります．

　金属などの結晶固体では電界が加えられていないときでも電子は物体の中を動きまわっています．そして，電子の平均速度は金属ではフェルミ速度 v_f になり，半導体では熱速度と等しくなります．しかし，電界を加えていないときの電子の運動は無秩序で，方向も速度もまちまちです．だから，この状態ではすべての電子の速度を加え合わせるとゼロになり，電子の実効的な移動はないので，このとき物体に流れる正味の電流はゼロです．

　しかし，金属に電界を加えると，電子は加えた電界とは逆方向に運動を始めます．このときの電子の速度はドリフト速度と呼ばれます．真空中の電子に電界を

加えると，電子の運動は加速され，電子の加速度は増大し続けます．しかし，固体中では電界を加えられた電子は，振動する原子や格子欠陥と衝突を繰り返してエネルギーを失いますので，電子のドリフト速度は無制限に増大することはなく一定の速度に納まります．この一定になった定常状態の速度を v，電界を E とすると，v は次の式で表されます．

$$v = -\mu E \tag{6.1}$$

ここで，比例係数の μ は移動度と呼ばれます．また，電子に電界 E を加えた状態で金属に流れる電流の電流密度 J は，電子の電荷を $-q$，電子密度を n とすると，次の式で表されます．

$$J = -nqv = nq\mu E \tag{6.2}$$

ここで，まず移動度 μ の正体を明らかにしておくことにしましょう．電子の質量を m とし，この電子を電界 E で加速したときの加速度を a とすると，電子に加わる力 F は m と a を使えば ma になります．一方，電子の電荷 $-q$ に電界 E が加わると電荷には $-qE$ の力が働きます．これらの二つの力は当然等しくなるので，次の関係が成り立ちます．

$$ma = -qE \tag{6.3}$$

この式 (6.3) より，加速度 a は次の式で表されることがわかります．

$$a = -\frac{qE}{m} \tag{6.4}$$

さて，上に述べたように，金属の中で加速された電子は原子 (金属イオン原子) と衝突を繰り返して減速します．ここで減速加速度を a^* とすると，a^* は衝突の緩和時間 τ と電子の速度 v を使って，次の式で表されます．

$$a^* = -\frac{v}{\tau} \tag{6.5}$$

電子の加速度 a と減速加速度 a^* を加えた加速度が 0 になったとき，電子は一定の速度 v に落ち着いて運動し，定常状態になると考えられるので，このとき次の式が成り立つはずです．

$$a + a^* = 0 \text{ すなわち}, -\frac{qE}{m} + \frac{-v}{\tau} = 0 \tag{6.6}$$

この式 (6.6) より電子の平均速度 v は，衝突の緩和時間 τ を使って，次の式で表されます．

$$v = -\frac{q\tau E}{m} \tag{6.7}$$

この式 (6.7) と式 (6.1) を比べると，移動度 μ は次の式で表されることがわかり

ます．

$$\mu = \frac{q\tau}{m} \tag{6.8}$$

だから，移動度 μ は電子の衝突の緩和時間 τ に比例することがわかります．

また，式 (6.2) で表される電流密度 J は電気伝導率 (電気伝導度ともいわれる) σ を使うと，$J = \sigma E$ と表されるので，これらの二つの式を使って電気伝導率 σ は次の式で表されます．

$$\sigma = n\mu q \tag{6.9a}$$

式 (6.8) を使って移動度 μ に衝突の緩和時間 τ を用いると，電気伝導率 σ は次の式でも表すことができます．

$$\sigma = \frac{n\tau q^2}{m} \tag{6.9b}$$

6.1.2 衝突の緩和時間と電気伝導率および抵抗率の関係

金属 (材料) もミクロン ($\sim 10^{-6}$[m]) 程度の狭い領域で見ると格子が規則正しく並んでいてほぼ完全な単結晶になっています．量子力学は結晶の体積が 1[μm] 角 (立方) もあれば十分適用できるので，金属の中の電子は量子論的には単結晶の中で運動していると近似できます．電界が加わって金属の結晶の中を運動している電子は，電子波でもあるので格子の中を回折しながら進みます．だから，結晶が完全であって周期的に配列しているならば，電子 (電子波) が個々の格子で散乱されて回折方向以外の方向に進むことはありません．つまり，電子は格子を組んだ個々の金属原子イオンによってランダムな方向へ散乱されることはありません．

しかし，結晶に欠陥などが存在していて格子の周期性が部分的に乱れていると，電子は個々の金属イオンによって散乱されることになります．また，運動する電子は格子振動によっても散乱されます．だから，電子が散乱を起こすものとしては，結晶の構造の乱れを起こす格子欠陥，不純物原子，そして格子振動などがあります．

電子の散乱される割合つまり散乱確率が高くなると，衝突の緩和時間 τ の値は短くなりますが，金属イオンの密度 N_a，電子のフェルミ速度 v_f (この速度は無秩序に運動する場合の電子の速度になります)，および衝突断面積 S を使うと，衝突の緩和時間 τ は次の式で表されます．

$$\tau = \frac{1}{2N_a v_f S} \tag{6.10}$$

この式で，N_a と v_f は温度によらず一定ですが，衝突断面積の S には格子振動による散乱成分が寄与しますので温度が高くなると大きくなります．つまり S

は温度に比例するので，衝突の緩和時間 τ の値は温度 T に逆比例して短くなります．この式 (6.10) の衝突の緩和時間 τ には，格子振動による成分のほかに不純物原子による成分が含まれています．

ここで，緩和時間 τ と温度との関係をもう少し厳密に見ておきましょう．まず，緩和時間の中の格子振動による成分を τ_l，不純物による成分を τ_i として，τ と τ_l および τ_i の関係を調べることにします．電子の散乱の起こる確率は衝突の緩和時間の逆数，すなわち $1/\tau$ で表されると考えられますので，この考えに従うと τ と τ_l および τ_i の間には，次の関係が成り立ちます．

$$\frac{1}{\tau} = \frac{1}{\tau_i} + \frac{1}{\tau_l} \tag{6.11}$$

この式 (6.11) において，格子振動による成分 τ_l は温度に依存しますが，不純物による緩和時間 τ_i は温度にあまり依存しません．だから，衝突の緩和時間が温度に逆比例するといっても実際に該当するのは τ_l の項だけで，τ_i 項は含まれていません．だから，τ_i の項は温度 T が低い絶対零度に近いときで，緩和時間 τ の絶対値が小さいときには効いてきます．すなわち，極低温領域の緩和時間 τ には不純物による緩和時間成分の τ_i が効くようになります．

以上の議論を踏まえて式 (6.9b) で表される電気伝導率 σ について考えると，電気伝導率は温度 T が高くなると小さくなります．しかし，電気抵抗率 ρ は電気伝導率 σ の逆数で表される ($\rho = 1/\sigma$) ので，抵抗率は温度 T に比例して増大することになります．だから，電気抵抗は温度が低くなると小さくなりますが，絶対零度に近くなると，T に比例しなくなります．これは今述べたように不純物や格子欠陥による温度に依存しない緩和時間の成分 τ_i が効いてくるからです．結論として，金属の電気抵抗率 ρ は τ_i による抵抗成分 ρ_r と τ_l による抵抗成分 ρ_l の和になり，次の式で表されます．

$$\rho = \rho_r + \rho_l \tag{6.12}$$

6.2 有 効 質 量

▶電子は格子内を運動するときはその質量が異なってくる！

有効質量の考えは金属以外の半導体などで特に重要になるのですが，ここでは金属も含めて考えることにします．すでに述べたように金属も結晶でできているので，金属中の電子は格子の中で運動していると考える必要があります．つまり，電子は格子の作る周期ポテンシャル中を，これに基づくエネルギーバンドの影響

を受けて運動しています．この状態の電子の質量はこれまで述べてきた自由電子の質量とは異なるので，ここではこの課題について説明することにします．

電子は格子の中を運動するときには波としても運動しています．電子の波は束になって運動していますが，このような波の束の速度は群速度と呼ばれます．いま，電子の群速度を v_g とすると，v_g は電子の角周波数 ω と波数 k を使って [補足 6.1] の式 (S6.4) に示すように，次の式で表されます．

$$v_g = \frac{d\omega}{dk} \tag{6.13}$$

ここで，$\omega = 2\pi f$，$\mathcal{E} = hf$，$\hbar = h/2$ の関係を使うと，角周波数 ω は次の式で表されます．

$$\omega = \frac{\mathcal{E}}{\hbar} \tag{6.14}$$

この式 (6.14) を使うと，群速度 v_g は次のように計算できます．

$$v_g = \frac{d\omega}{dk} = \frac{d\omega}{d\mathcal{E}} \cdot \frac{d\mathcal{E}}{dk} \tag{6.15a}$$

$$= \frac{1}{\hbar} \frac{d\mathcal{E}}{dk} \tag{6.15b}$$

一方，電子の運動量 p は波数 k を使うと，$p = \hbar k$ で表されますので，運動量 p を時間 t で微分すると力 F になるので，次の式が得られます．

$$F = \frac{dp}{dt} = \hbar \frac{dk}{dt} \tag{6.16}$$

また，群速度で運動するときの電子の質量を m^* とすると，$p = m^* v_g$ の関係が成り立つので，同様にこれを t で微分すると，次の式が得られます．

$$F = \frac{dp}{dt} = m^* \frac{dv_g}{dt} \tag{6.17}$$

一方，電子を質量が m^* の粒子とみなすと，加速度が α のときに電子には $F = m^* \alpha$ の力が働きます．この力 F と式 (6.16) で表される力 F は等しいので，次の式が成り立ちます．

$$\hbar \frac{dk}{dt} = m^* \alpha \tag{6.18}$$

この式 (6.18) から電子の加速度 α は次の式で表されることがわかります．

$$\alpha = \frac{\hbar}{m^*} \frac{dk}{dt} \tag{6.19}$$

群速度で運動している電子の加速度 α は，式 (6.17) に示すように群速度 v_g を時間で微分した形で得られるので，α は式 (6.15b) を t で微分して次の式でも表されます．

$$\alpha = \frac{dv_g}{dt} = \frac{1}{\hbar} \left(\frac{d^2 \mathcal{E}}{dk^2} \frac{dk}{dt} \right) \tag{6.20}$$

6.2 有 効 質 量

◆ 補足 6.1　群速度の導出

波の速度としては個々の波の速度を表す位相速度 u と，個々の波を重ね合わせた合成波の速度の群速度があります．波を重ね合わせた合成波は，図 S6.1 に示すように，波束をつくっているので，群速度は波束の速度ということになります．結晶の中の電子の波は多くの波が合成されて進行しているので，波束を作って移動していると考えられます．したがって，電子の波は結晶の中では群速度で運動していることになります．

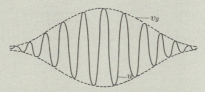

図 S6.1　波の合成によってできる波束

波束は多くの波が合成 (重ね合わせ) されてできているのですが，ここでは簡単のために次に示すように，2 個の波の重ね合わせた合成波で考えることにします．そして，この結果を利用して，多くの波の重ね合わせた合成波，つまり波束の群速度を求めることにします．

いま，2 個の波を合成してできた合成波の変位を y とし，二つの波の角周波数を ω_1, ω_2，波数を k_1, k_2 とすると，二つの波の振幅を共に A として y は，次の式で表されます．

$$y = A\{\sin(\omega_1 t - k_1 x) + \sin(\omega_2 t - k_2 x)\}$$
$$= 2A\cos(\Delta\omega t - \Delta k x)\sin(\omega t - kx) \tag{S6.1}$$

ここで，$(\omega_1 + \omega_2)/2 = \omega$, $(k_1 + k_2)/2 = k$, $\omega_1 - \omega_2 = \Delta\omega$, $k_1 - k_2 = \Delta k$ としました．また，$k = \omega/v = 2\pi/\lambda$ の関係があるので，式 (S6.1) は次のように書きかえることができます．

$$y = 2A\cos[\Delta\omega\{t - (\Delta k/\Delta\omega)x\}]\sin(\omega t - kx) \tag{S6.2}$$

この式 (S6.2) の y で表される合成波の変位の式では，sin 関数の前にある cos の関数は合成波の振幅になります．この cos 関数で表される振幅は，位相が $\pi/2$ だけ異なりますが，波の形をしています．この関数は (波が合成されて作られた) 唸りの波とみなすことができます．この唸りの波の速度を v_u とすると，v_u は，式 eq:S6.2 の cos の { } の中の式から，次の式で表されることがわかります．

$$v_u = \frac{\Delta\omega}{\Delta k} \tag{S6.3}$$

> 唸りの波が多くの波で合成された場合には，これは波束になり，この波の速度は群速度になります．また，この速度は多くの (角周波数を持った) 波を合成した合成波の中心の移動速度になるので，群速度を v_g とすると，v_g は次のようにして求めることができます．
>
> $$v_g = \lim_{\Delta\omega \to 0} \frac{\Delta\omega}{\Delta k} = \frac{d\omega}{dk} \tag{S6.4}$$
>
> なお，唸りの速度 v_u を式 (S6.3) で表されるとしたのは，$k = \omega/v$ の関係から $v = \omega/k$ の関係となるからです．なお，合成波の中心は最大振幅の位置ともなっています．

これらの式 (6.19) と式 (6.20) を等しいとおいて，$(1/m^*)$ と m^* を求めると，次のようになります．

$$\frac{1}{m^*} = \frac{1}{\hbar^2}\frac{d^2\mathcal{E}}{dk^2} \tag{6.21a}$$

$$m^* = \hbar^2 \left(\frac{d^2\mathcal{E}}{dk^2}\right)^{-1} \tag{6.21b}$$

これらの式で表される m^* は結晶格子の中を群速度で運動する電子の質量で，結晶の中で運動する電子の実効的な質量とみなせるので，m^* は電子の有効質量と呼ばれています．

▶ 有効質量は金属よりも半導体や絶縁体で重要になる！

有効質量については注意すべきことがあります．式 (6.21b) からわかるように，有効質量 m^* は電子のエネルギー $\mathcal{E}$ の 2 階微分の逆数に $\hbar^2$ を掛けたもので表されます．そして，自由電子のエネルギー $\mathcal{E}$ は 4 章の式 (4.5) で表されるので，これらの式を使うと演習問題 6.2 に示すように $m = m^*$ が成り立ち，自由電子の質量は有効質量に等しくなります．

金属の場合も電気伝導に与かる電子は格子の中で運動していますが，このあとに示すように，金属のエネルギーバンド構造では価電子帯への電子の詰まり方は部分的であり，価電子帯のエネルギーバンドは電子で完全には詰まっていません．すなわち，価電子帯は一部に空スペースの部分が存在する関係で，この後説明するように，エネルギー $\mathcal{E}$ と質量 m の間に式 (4.5) の関係がほぼ成立します．だから，金属結晶の中で運動する電子の有効質量は自由電子の質量とほぼ同じ m になります．

しかし，半導体や絶縁体のエネルギーバンドは次に示すように，エネルギーの主な領域で式 (4.5) の関係が成り立たないのです．なぜかといいますと，4 章の図 4.3 を図 6.1 としてここに再掲しますが，この図 6.1 に示すように，禁制帯 (バンドギャップ) に接するエネルギーバンドの上端と下端の近傍では $\mathcal{E}$–k 曲線が 2 次

曲線から変形していて，式 (4.5) の関係 $\mathcal{E} = (1/2m)\hbar^2 k^2$ は成り立たなくなっている (近似するのも正しくない) という事情があるからです．

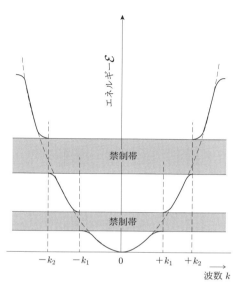

図 6.1 エネルギーバンドの上端と下端のバンドの変形，近傍のバンドの曲がり

詳しいことは 7 章の半導体の箇所で説明しますが，このために半導体では，$\mathcal{E}$–k 曲線で表されるエネルギー $\mathcal{E}$ を k で 2 階微分したものを求めて，この逆数を使って得られる有効質量の m^* の値は，金属の場合のように $m = m^*$ の関係を充たさないのです．だから，半導体では伝導電子の質量として有効質量 m^* を使わなくてはなりません．絶縁体の場合にも似たような事情があります．したがって，有効質量は半導体や絶縁体で重要になる電子の質量の概念なのです．だから，半導体の教科書では有効質量が必ず解説されています．

6.3 エネルギーバンドと電気伝導

図 6.2 において縦軸にエネルギー $\mathcal{E}$ をとり，横軸に波数 k をとって金属のエネルギーバンドを示しますが，この図では黒丸●は電子の詰まったバンドの状態を，白丸○は電子の無い (空いた) 状態を表しています．図 (a) は金属に電界 E を加えていない平衡状態を表し，図 (b) は電界 E を加えた場合を表しています．

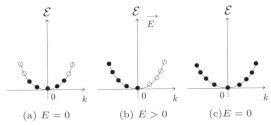

図 **6.2** エネルギーバンドへの電子の詰まり方と印加電界による移動

金属結晶中の電子は電界 E が加わっていない図 (a) の場合には平衡状態で，電子は平均すれば静止していますが，電界 E を正 (右) 方向に加えると電子の電荷は負ですので，電子はマイナス方向へ移動し，その分布は左方向へシフトして図 (b) に示すようになります．

図 (b) の状態は次のように説明できます．すなわち，電界の加わった電子は $-qE$ の力を受け，次の式に従って加速度 α^* が生じます．

$$F = -qE = m^*\alpha^* \to \alpha^* = -\frac{q}{m^*}E \tag{6.22}$$

加速度に負符号がついていますので，電子には負方向，つまり左方向への加速度が加わって，上に述べたように電子は左方向へ移動します．しかし，電子が運動すると，電子は格子による散乱によってエネルギーを徐々に失いますので，電子に加速度が働くのは散乱の緩和時間の間だけで，その後は加速度はなくなり電子は等速度で運動します．

図 6.2 の (b) には加速度がゼロになって電子が一定速度の定常状態のときの様子が示されています．そして，このとき金属結晶の中では一定の電流が流れることになります．しかし，エネルギーバンドが，図 (c) に示すようにすべて電子で充たされている場合には，電界が加わっても電子は移る先の空きスペースがなくて移動できないので，この場合には電流は流れません．

1 章の図 1.2(b) に示したような箱型で帯状のエネルギーバンド図を使いますと，図 6.2(a) と (c) の状態はそれぞれ図 6.3(a) と (b) に示すように表されます．つま

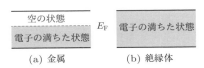

図 **6.3** 電子が部分的に詰まったエネルギーバンドと電子の満ちたバンド (価電子帯)

り，図 6.3(a) ではバンドの一部は空になっていて，電子はバンド全体には詰まっていません．一方，(b) ではバンドがすべて電子で詰まっていて電子は身動きできない状態になっています．実は，次の項で説明するように図 6.3(a),(b) はそれぞれ金属と絶縁体の価電子帯エネルギーバンド図を表しているのです．

6.4 金属，絶縁体および半導体の違い

誰でもが知っているように金属は電気抵抗が小さく電流がよく流れ，絶縁体は抵抗が非常に大きく電流はほとんど流れない物質です．そして半導体は電気抵抗の値が金属と絶縁体の中間の値を示し，温度の上昇と共に抵抗値が下がる特異な物質です．半導体には，次の 7 章で説明しますように，不純物原子を添加した不純物半導体もありますが，ここで扱う半導体は物質の固有の性質として半導体の性質を示すもので，真性半導体と呼ばれる不純物を含まない半導体です．この点には注意して下さい．

さて，金属，絶縁体，(真性) 半導体の物質の間の電気伝導の違いはエネルギーバンド構造を使って説明するのがわかりやすいので，ここではこの方法を使うことにします．金属，絶縁体および (真性) 半導体の代表的なエネルギーバンド図は図 6.4 (a),(b) および (c) に示すようになります．図 6.4 では帯状に示したエネルギーバンドはすべて許容帯 (電子が入ることが許されたバンド) を表しています．そして許容帯の上側と下側の間は禁制帯 (バンドギャップ) を表し，この間隔は記号 E_g で表しています．

下側の許容帯には電子が一部，またはすべて詰まっています．この許容帯には電気伝導に携わる価電子が存在していますので，価電子帯と呼ばれます．上側の許容帯は電子が存在していない空帯です．ただし，次に説明しますように半導体ではこの上側の空帯に，室温においても熱エネルギーによって下側の価電子帯から価電子が遷移することができ，このバンド (帯) で電子が動けますので伝導帯とも呼ばれます．温度が非常に高い等の条件によっては絶縁体においても上側の空帯は伝導帯として働きます．

図 6.4(a),(b) は図 6.3(a),(b) に示した金属と絶縁体のエネルギーバンド図と同じですので両者の違いはわかると思います．すなわち，図 6.4(a) では電子の空きスペースがあり，電界を加えることによって電子は移動できるので電流が流れます．だから，このエネルギーバンド図が金属のものであることがわかります．なお，金属では価電子帯に移動できる電子がありますので，価電子帯は伝導帯とも

呼ばれます.

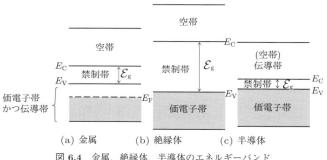

図 **6.4** 金属, 絶縁体, 半導体のエネルギーバンド

しかし, 図 6.4(b) では電子のバンドへの詰まり方が図 6.2(c) と同じ状態であり, バンド全体が電子で完全に詰まっていますので電子の動く余地は全く無いので, 電流は流れません. したがって, 図 6.4(b) に示すエネルギーバンド図は絶縁体のものです.

しかし, 図 6.4(c) に示す (真性) 半導体のエネルギーバンド図の状況はこれまでの説明だけでは理解できないものです. この図 (c) の半導体のエネルギーバンド図は形の上では図 (b) に示す絶縁体のエネルギーバンド図と同じです. しかし, よく見ると図 (b) と図 (c) では禁制帯の幅, すなわち $\mathcal{E}_g$ の値が大きく異なります. すなわち, 図 (b) に示す絶縁体のバンドでは禁制帯の幅が広く, $\mathcal{E}_g$ の値が大きい ($\mathcal{E}_g \gtrsim 3[\mathrm{eV}]$) のに対して, 図 (c) の半導体のバンド図では, この幅が狭く $\mathcal{E}_g$ の値が $3[\mathrm{eV}]$ よりかなり小さくなっています.

禁制帯の幅, つまりバンドギャップ $\mathcal{E}_g$ の値の大小は電気伝導に決定的な影響を与えます. すなわち, $\mathcal{E}_g$ が大きい場合には下側の価電子帯に詰まっている電子は, 普通の状態, つまり室温 (熱エネルギーが $k_B T$) では上側の空帯に移ることはできません. なぜなら, 電子が価電子帯から空帯に禁制帯を越えて遷移するには大きなエネルギー $\mathcal{E}(= h\nu)$ が必要だからです. しかし, $\mathcal{E}_g$ の値が小さければ, 室温程度の温度 T (エネルギー $k_B T$) でも, 価電子帯にいる電子が上の空帯に遷移できる確率がわずかながらも存在します.

価電子帯から空帯に電子が遷移することができれば, 空帯にはもちろん (電子に対して) 多くの空きスペースがありますので, 電子は空帯の中をいくらでも自由に移動できます. すなわち, 電子のおかれた状況は金属における価電子帯の場合と似た状況になります. 半導体のエネルギーバンドではこのようにして, わず

かに移ってきた電子にとって空帯が伝導帯の役割を果たすようになります．このために半導体では価電子帯のすぐ上側の許容帯が伝導帯と呼ばれます．

ただ，半導体のエネルギーバンドのようにバンドギャップ $\mathcal{E}_g$ の値が小さい場合でも，このエネルギー ($\mathcal{E}$) の値は室温のエネルギー $k_B T$ よりずっと大きいので，室温においては価電子帯から空帯に遷移できる電子の数 (単位体積あたりで考えると密度) は非常に少ない状況です．だから真性半導体の電気抵抗は非常に大きくなるので，電気伝導率は小さく，流れる電流は極めてわずかです．つまり，(真性) 半導体は電流が流れるという導体の性質をわずかしか持っていないので，(電流は流れることができても) この物質を導体とは呼びにくいので半導体と命名されています．

演 習 問 題

6.1 断面積 S が $S = 5 \times 10^{-6} [\mathrm{m}^2]$ の銅線に 50[A] の定常電流が流れている．原子 1 個につき 1 個の伝導電子 (自由電子) があると仮定して，(a) 伝導電子の密度，(b) 電子の平均速度，および (c) 緩和時間 τ を計算せよ．ただし，銅の密度は $8.9 \times 10^3 [\mathrm{kg/m}^3]$，銅の原子量は 64，および銅の電気伝導率 σ は $= 5.85 \times 10^7 [\Omega^{-1} \mathrm{m}^{-1}]$ とせよ．

6.2 自由電子に対しては有効質量 m^* が (普通の) 電子の質量 m と等しくなることを示せ．なお，自由電子の格子内でのエネルギーは $\mathcal{E}$ とし，その値は，4 章に示した式 (4.5) で表される ($\mathcal{E} = (1/2)(\hbar^2 k^2 / m)$) ものとせよ．

6.3 α–SiC の禁制帯の幅 (バンドギャップの値) は $\mathcal{E}_g = 3.00 [\mathrm{eV}]$ である．この値は Si ($= 1.12 [\mathrm{eV}]$) や Ge ($= 0.66 [\mathrm{eV}]$) に比べて非常に大きい．このため α–SiC は室温 (300[K]) では電流を通さず絶縁体の性質を示す．ところが，α–SiC の製品 (炉のチューブなど) を温度が 1500[K] の炉の中に入れると，α–SiC 製のチューブは導体の性質を示し電流が流れるようになる．この現象について，300[K] と 1500[K] における熱エネルギー $k_B T$ を計算し，その知識を基にして議論せよ．なお，$k_B = 1.38 \times 10^{-23} [\mathrm{J/K}]$，$1[\mathrm{eV}] = 1.602 \times 10^{-19} [\mathrm{J}]$ とせよ．

Chapter 7

半導体

　半導体は，半導体デバイスが真空管に代わって使われるようになって以来，実用上非常に重要な材料になっています．ことに IT 時代の現代では半導体デバイスはあらゆる装置に使われていて，経済活動に不可欠なものです．この章では素材としての重要性を念頭において半導体の性質を見ていきます．まず，半導体には n 形と p 形があるので，このことを念頭に半導体のエネルギーバンドを説明します．次に，n 形と p 形半導体の基になる不純物原子を導入した半導体，つまり不純物半導体の性質を基礎から学ぶことにします．不純物半導体こそが半導体デバイスの材料になっているのです．

7.1 半導体のエネルギーバンド・モデルと有効質量

7.1.1 真性半導体および n 形と p 形半導体の由来

▶禁制帯の幅の小さいものは半導体，大きいものは絶縁体

　半導体については 6 章でエネルギーバンドを使って簡単に紹介したように，真性半導体では禁制帯を介した価電子帯の上の空帯は伝導帯と呼ばれます．これは，真性半導体では室温における熱エネルギー程度の小さいエネルギーによってごく低密度ですが，価電子帯の電子が空帯へ遷移し，空帯で電子が移動できるからです．電子が自由に動くことができるバンド (帯) が伝導帯ですのでこのようになっているのです．しかし，室温で価電子帯から伝導帯へ電子が遷移する確率は極めて低く，遷移できる電子の密度は極めてわずかです．

　室温の熱エネルギーは $k_B T$ で表され，この値は約 0.026[eV] 程度になります．物質が半導体の性質を示すためには，この程度の小さいエネルギーを持った電子が価電子帯から禁制帯 (バンドギャップ $\mathcal{E}_g$) を越えて，その上の伝導帯へ移る確率 (可能性) があることが必要です．このために半導体は禁制帯の幅が比較的小さい物質でなくてはなりませんが，一般には，禁制帯の幅 (バンドギャップ)$\mathcal{E}_g$ が約 3[eV] 以下の物質が半導体と呼ばれ，これ以上大きいバンドギャップを持つ物質は絶縁体に分類されています．

7.1 半導体のエネルギーバンド・モデルと有効質量

▶ 有効質量が負のキャリア (担体) が正孔になった！

半導体を初めて学ぶ人でも，半導体に n 形半導体と p 形半導体があるという話は聞いたことがあるのではないでしょうか．半導体で電荷を運ぶ粒子はキャリア (担体) と呼ばれますが，簡単にはキャリアが伝導電子である半導体が n 形で，キャリアが正孔になる半導体が p 形半導体です．正孔は後で説明するように，その正体は電子の抜けた穴ですから奇妙な粒子ですが，ともかく，半導体には p 形半導体があります．

まず，n と p の記号の由来から見ておきましょう．半導体において電荷を運ぶキャリアには上に述べたように伝導電子と正孔があります．伝導電子は負 (negative) の電荷を運び，正孔は正 (positive) の電荷を運ぶキャリアです．このことから，伝導電子とその密度は，負電荷の英語読みの頭文字の n を使って，共に記号 n で表されます．一方，正孔とその密度は同様に正電荷の頭文字の p を使って記号 p で表されます．なお，伝導電子はエレクトロン，正孔はホールとも呼ばれます．

次に，n 形半導体と，p 形半導体の定義ですが，これを行うにはまず多数キャリアと少数キャリアについて説明しておく必要があります．これは次のようになっています．すなわち，伝導電子の密度 n が正孔の密度 p より大きい半導体では伝導電子 n が多数キャリアと呼ばれ，密度が低い方の正孔 p は少数キャリアと呼ばれます．逆に正孔密度 p が伝導電子密度 n より大きい半導体では，正孔 p が多数キャリアであり，伝導電子 n の方は少数キャリアになります．

最後に，n 形半導体と p 形半導体の定義ですが，多数キャリアが伝導電子 n である半導体は n 形半導体と呼ばれます．だから，n 形半導体ではキャリア密度に関して $n > p$ の関係が成り立ちます．一方，正孔の密度 p の方が伝導電子の密度 n より大きい半導体は p 形半導体と呼ばれます．だから，p 形半導体では n 形の場合とは逆の $p > n$ の関係が成り立ちます．

不純物原子を含まない半導体が真性半導体ですが，真性半導体における伝導電子と正孔の発生は次のように起こります．すなわち，図 7.1(a) に示す帯状のエネルギーバンドにおいて，下側のバンド (価電子帯) には電子が詰まっています．この価電子帯の電子が室温の熱エネルギー $k_B T$ を得て禁制帯 (バンドギャップ) $\mathcal{E}_g$ を越えて伝導帯に移り，この電子が伝導帯において伝導電子となります．

このとき価電子帯には電子が抜けた'電子の抜けた穴'が発生しますが，この電子の抜けた穴 (ホール) が正孔と呼ばれています．こうして，真性半導体では伝導電子と正孔は同時に同じ数だけ発生しますので，伝導電子の密度 n と正孔の密度 p は等しく Si の場合で約 $1.5 \times 10^{10} [\text{cm}^{-3}]$ になります．この密度は真性キャ

リア密度とよばれます．だから，真性半導体では両者の間に常に $n = p$ の関係が成り立っています．また，このために真性半導体にはn形半導体もp形半導体もありません．

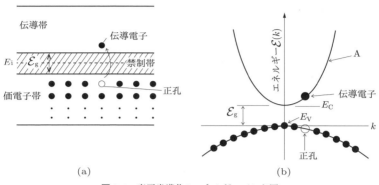

図 **7.1** 真正半導体のエネルギーバンド図

図 7.1(a) に示す半導体の帯状のエネルギーバンドを $\mathcal{E}$–k 曲線を使ったエネルギーバンドで描くと図 7.1(b) に示すようになります．図 7.1(b) において伝導帯を表す $\mathcal{E}$–k 曲線は，下に凸の 2 次曲線の形をしているので，$\mathcal{E} \propto k^2$ の形で書けます．しかし，価電子帯の $\mathcal{E}$–k 曲線は，図 7.1(b) に示すように上に凸形をしているので，$\mathcal{E} \propto -k^2$ の形で表されるはずです．この図 7.1(b) には伝導電子と正孔の代表例として $k > 0$ の場合のものを示しました．なお，真性半導体のフェルミ準位は，最もエネルギーの大きい電子の存在する伝導帯ではなく，禁制帯の中央に位置すると定義されています．そして真性フェルミ準位 E_i とよばれます．

6 章の 6.2 節で説明しましたように，結晶格子の中で運動する電子の有効質量は次の式で表されます．

$$m^* = \hbar^2 \left(\frac{d^2\mathcal{E}}{dk^2}\right)^{-1} \tag{6.21b}$$

したがって，エネルギー $\mathcal{E}$ と波数 k の関係が $\mathcal{E} \propto -k^2$ で表されるときには，エネルギー $\mathcal{E}$ の k による 2 階微分 $(d^2\mathcal{E}/dk^2)^{-1}$ の値は負になるので，式 (6.21b) に従って有効質量 m^* は負になります．ですから，価電子帯でキャリアとして働く粒子の質量は負になるという奇妙な結果になるので，半導体の分野ではこのキャリアを次のように扱っています．

すなわち，電荷が q の粒子に電界 E を加えると粒子には qE の力 F が加わり

7.1 半導体のエネルギーバンド・モデルと有効質量

ます.すると粒子に質量があれば,力学の法則に従ってこの粒子には加速度が生じます.いま粒子の質量が m^* であるとし,加速度を α とすると, $F = \alpha m^*$ の関係が成り立ちます.したがって, $qE = \alpha m^*$ の関係から粒子の加速度 α は次の式で表されます.

$$\alpha = \frac{1}{m^*} qE \tag{7.1}$$

この式 (7.1) を使って,伝導帯のキャリア (伝導電子 n) と価電子帯のキャリア (正孔 p) の質量と電荷の正負について考えてみましょう.伝導帯のキャリアの加速度を α_n,電荷を $-q$,質量を m^*,そして価電子帯のキャリアの加速度を α_p,電荷を q とし,質量を $-m^{**}$ とすると,式 (7.1) の関係を使って, α_n と α_p は次の式で表すことができます.

$$\alpha_n = \frac{1}{m^*} \times (-q)\mathcal{E} = -\frac{1}{m^*} q\mathcal{E} \tag{7.2a}$$

$$\alpha_p = \frac{1}{-m^{**}} q\mathcal{E} = -\frac{1}{m^{**}} q\mathcal{E} \tag{7.2b}$$

ここで $m^*, m^{**}, q, \mathcal{E}$ の符号をすべて正としますと,式 (7.2a, 7.2b) の最右辺の式からわかるように,質量が同じ ($m^* = m^{**}$) であれば, $\alpha_n = \alpha_p$ の関係が成り立ちます.式 (7.1) は電荷粒子ならどんな粒子に対しても成り立つ式ですので,伝導帯と価電子帯のキャリアに対して同じように適用できるはずです.

したがって,伝導帯のキャリアの伝導電子 n は有効質量 m^* が正,電荷が負 $(-q)$ ですから,これらを式 (7.1) に代入すると,式 (7.2a) の最右辺の式が成立します.また,価電子帯のキャリアの正孔 p の電荷を正 (q) とすれば,有効質量 m^{**} を正として式 (7.2b) の最右辺の式が成り立つことがわかります.以上のことから,式 (6.21b) では荷電子帯のキャリアの有効質量は負となりますが,半導体の分野では正孔 p の電荷を正と考え,有効質量も正と考えて取り扱うことになっています.

価電子帯におけるキャリアの正孔 (ホール) の動きについて図 7.1(b) を使っていま少し見ておきましょう.半導体の価電子帯では電子はほぼ完全に詰まっていますが,この状態で電子が抜けると,すでに説明したように '電子の抜けた穴' の正孔 p ができ,エネルギーバンドの状態は図 7.1(b) に示すようになります.この状態の半導体に外部から右 (正) 方向へ電界 E を加えると,多くの電子が '電子の抜けた穴' を飛び越えて順次負 (左) 方向へ移動します.すると, '電子の抜けた穴' は正 (右) 方向へ移動します.

こうして '電子の抜けた穴' である正孔 p は電界 E を加えると正の方向へ移動します.だから,正孔 p の電荷を正と考えるのは妥当であることがわかります.

正孔 p の電荷を正と考えれば，式 (7.2b) に従って，正孔 p の有効質量を正と考えることも妥当になります．

7.1.2 還元ブリルアン・ゾーン形式の $\mathcal{E}$–k 曲線と半導体のエネルギーバンド図
▶半導体では基本的に重要な有効質量

これまでの議論では $\mathcal{E}$–k 曲線で表されるエネルギーバンド図の根拠を説明しないで，天下り的に図 7.1(b) に示されるとしましたが，ここでは，半導体のエネルギーバンド図をこのように描くことが妥当である理由を簡単に説明することにします．4 章で述べたように，結晶の中の電子は格子で作られた周期ポテンシャルの中で運動しています．そして，運動する電子は各格子で回折するので電子の $\mathcal{E}$–k 曲線は図 7.2 に示すようにいくつかの k の値において不連続になります．

すなわち，6 章でも述べましたが図 7.2 に示すように，各周期の端で波数が $\pm k_1$，$\pm k_2$，$\pm k_3$，... のときに，電子は格子によって回折されるので，$\mathcal{E}$–k 曲線が曲がり，曲線の端は横軸に平行になって上下に二つに分離します．そして，$\mathcal{E}$–k 曲線の分離した場所ではとびが生じ，$\mathcal{E}$–k 曲線の存在しない領域，つまり禁制帯が発生します．

図 7.2(図 6.2 再掲) に示す $\mathcal{E}$–k 曲線を，4 章で説明した還元ブリルアン・ゾー

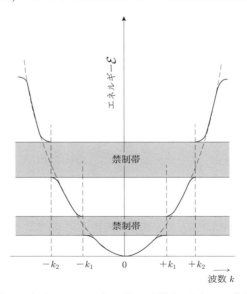

図 **7.2** 各ブリルアン・ゾーン端で回折を起こした $\mathcal{E}$–k 曲線

ン形式で表すと，図 7.3(図 4.8 再掲) に示すようになります．

半導体のエネルギーバンドには図 7.3 の上に凸の $\mathcal{E}$–k 曲線と，下に凸の $\mathcal{E}$–k 曲線が使われます．そして，これらの二つの $\mathcal{E}$–k 曲線で表されるエネルギーバンドが，図 7.4 に示す半導体のそれぞれ価電子帯と伝導帯のバンドになります．

図 7.4 に示す半導体のエネルギーバンド図は多くの半導体関係の著書で見かけるエネルギーバンド図です．ここで，注意すべきことがあります．

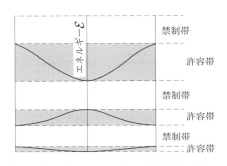

図 **7.3** 還元ブリルアン・ゾーン形式で表した $\mathcal{E}$–k 曲線とエネルギーバンド

図 7.3 と図 7.4 において共通して言えることですが，これらの $\mathcal{E}$–k 曲線では，下に凸の曲線の場合も上に凸の曲線の場合にも原点近傍の曲線は，図 7.2 の説明で指摘したように，元々の自由電子のエネルギー曲線 (2 次曲線で $\mathcal{E} = (1/2m) \times (\hbar^2 k^2)$) から大きく変形している領域における曲線です．

半導体のエネルギーバンドの原点近傍は波数 $\boldsymbol{k}$(波数ベクトル) の値が 0 に近いときで，伝導電子や正孔の運動量が小さいときです．すなわち，この状態のキャリアはほとんど運動していない平衡状態やこれに近いときの状態を表しています．半導体の基本的な性質はキャリアがこのような状態のときの性質を表しているので，このことは半導体にとって重要です．

たとえば，エネルギー曲線の $\mathcal{E}$–k 曲線が原点近傍で自由電子のエネルギー

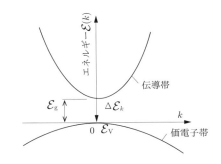

図 **7.4** 伝導体と価電子帯を表す半導体の $\mathcal{E}$–k 曲線

曲線から大きくずれていることは伝導電子の質量に大きな影響を与えています．すなわち，伝導電子の $\mathcal{E}$–k 曲線が 4 章で示した式 (4.5) $\{\mathcal{E} = (1/2m) \times (\hbar^2 k^2)\}$ で表されるならば，この式 (4.5) を使って計算して得られる質量 m は式 (6.21b) で表される有効質量 m^* の値と一致します．しかし，半導体では，上に書いたよ

うに，図7.4に示す上に凸の価電子帯の中央部の曲線は，図7.2の各ブリルアン・ゾーンの上下で不連続な$\mathcal{E}$–k曲線の上端部の変形した部分で形成され，下に凸の伝導帯の曲線の中央部は同じく$\mathcal{E}$–k曲線の下端部の変形した部分でできています．だから半導体の伝導帯と価電子帯の$\mathcal{E}$–k曲線は外見上は2次曲線に見えますが，実際は2次曲線にはなっていないし，2次曲線に近似することもできないのです．したがって，式(4.5)を使って得られる質量mは有効質量m^*と一致しないのです．実際にも，半導体の伝導電子や正孔の有効質量m^*は自由電子の質量mに比べて少し小さくなる場合が多いのです．

7.2 不純物半導体およびキャリア密度とその移動度

7.2.1 不純物半導体とn形半導体およびp形半導体

半導体にはすでに示したように真性半導体のほかに不純物を添加(ドープという)した不純物半導体があります．不純物半導体こそが多彩な応用を可能にした実用的な半導体なのです．不純物半導体にはもちろんn形半導体とp形半導体があります．そして，不純物半導体の基本材料としては原子価が4価のSiやGeなどの真性半導体が使われます．

SiやGeの原子は原子価が4価なので，図7.5(a)に示すようにそれぞれ電子の付随した4本の結合手(bond)を持っています．ここでは電子の付随した結合手は，以下の説明では説明の都合によって，電子だけまたは結合手だけとして使います．なお，不純物半導体は外因性半導体とか外来性半導体と呼ばれることもあります．

不純物半導体として，まずn形半導体を考えますと，Si結晶を使ってn形半導体を作るには，SiにP, As, Sbなどの原子価が5価の不純物をドープ(添加)する必要があります．これらの原子は5本の

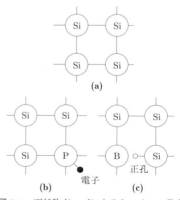

図 7.5 不純物ドープによるキャリアの発生

結合手を持っています．いま，微量のP不純物をSi結晶にドープしたとすると，結晶格子では図7.5(b)に示すようにP原子がSi原子に置き換わって(置換するといわれる)，結晶の中に組み込まれます．

P原子は5価ですので5個の結合手を持っています．Pの4本の結合手はSi原子と容易に結合しますが，1本の結合手とこれに付随した1個の電子は，結合する相手の原子の電子の席が詰まっているので，図7.4(b)に示すように余った状態になります．

この(P原子の)1個余った電子は，水素原子における陽子に対する電子のような役割を果たします．そして，この場合のP原子と余った電子との結合力は弱く，エネルギーにするとその値は0.04[eV]程度です．このエネルギーは室温の熱エネルギー $k_B T$ (〜0.026[eV]) と同程度ですので，余った電子は室温の熱エネルギーによって容易にP原子を離れて，結晶の中を動き回ることができます．

P原子とゆるく結合した電子の，結合と分離の状況はエネルギーバンドを使って説明すると，次のようになります．すなわち，P原子によって作られる(次に示す)ドナー準位に捕獲されていた電子が，熱エネルギー $k_B T$ によって伝導帯に励起されて，伝導帯で自由に移動を始めたことになります．この状態は，ドープしたP原子がイオン化して伝導電子が生まれたとも解釈できます．したがって，P原子のような不純物原子は伝導電子を半導体に供給していることになります．半導体に電子を供給して(ドーネイト donate して)伝導電子を作る不純物はドナーとかドナー不純物と呼ばれます．そして，ドナー不純物はあとで説明するように禁制帯にドナー準位を作ります．

以上のように，P原子をドープすると余った1個の電子が伝導電子となるので，電子と正孔の数が同数の真性Si半導体に伝導電子が1個増えたことになります．単位体積当りで考えますと，原子の密度は莫大で約 $5\times10^{28}[\mathrm{m}^{-3}](=5\times10^{22}[\mathrm{cm}^{-3}])$ ですから，1[ppm](100万分の1の割合)のP原子をドープしたとき伝導電子の密度 n は前に示した真性キャリア密度(約 $5\times10^{16}[\mathrm{m}^{-3}]$)に比べて極めて大きく，約 $5\times10^{22}[\mathrm{m}^{-3}](=5\times10^{16}[\mathrm{cm}^{-3}])$ にもなります．

以上のようにPをドープした半導体結晶の中の伝導電子密度 n が正孔の密度 p (真性キャリア密度) より大きくなり，$n>p$ の関係が成り立ちます．すでに説明したように，$n>p$ の条件を充たす半導体はn形半導体ですので，Si結晶にP原子をドープした半導体はn形半導体になります．

次に，真性半導体のSi結晶を使ってp形半導体を作るにはB, Al, Ga などの原子価が3価の不純物をドープする必要があります．これらの物質は3個の電子しか持っていません．n形の場合と同様に3価原子のBなどの不純物が4価原子のSi結晶の中にドープされると図7.5(c)に示す状況ができます．今度は電子の付随した1本の結合手が足らないので，このままでは隣のSiとの結合は完結しま

せん．不足の電子を何処かから都合してくる必要があります．

電子を価電子帯の別の所から都合してくるとBは3価ですから，Bにとっては余分の電子がくっつくことになり，ドープしたB原子は負に帯電します．こうして価電子帯全体では電子が1個不足した状況ができますが，この電子の不足した価電子帯の状況は'電子の抜けた穴'の正孔が1個発生した状態と解釈できます．そして，こうして生まれた正孔は格子の中で漂います．すると，この漂っている正孔は負に帯電したBに引き付けられて近づき結合します．しかし，この結合力はPをドープしたときのn形半導体の場合と同じように，弱い結合力(結合エネルギー～0.04[eV])しか持たないので，陰イオンのBと正孔の弱い結合は室温の熱エネルギー $k_B T$ で簡単に切れ，正孔は再び結晶の中を動き回ることができます．

この状況をエネルギー的に見ると，荷電電子帯の電子が，熱エネルギー $k_B T$ を得て，B原子によって禁制帯に作られる(次に示す)アクセプタ準位に励起されてここに捕獲され，価電子帯には電子の抜けた穴(ホール)ができ正孔が生まれたと解釈できます．こうして生まれた正孔が価電子帯で自由に移動を始めることを表しています．すなわちSi結晶に正孔が1個生成されたことを示しています．

この結果，Bをドープした半導体は伝導電子より正孔の方が多くなり $n < p$ の条件が充たされます．こうして真性半導体のSi結晶からp形半導体を作ることができます．B原子のように電子を受け入れて(アクセプト accept して)正孔を作る不純物はアクセプタとかアクセプタ不純物と呼ばれます．そして，アクセプタ不純物は禁制帯にアクセプタ準位を作ります．

ここで注意すべきことが二つあります．一つはこのようにして不純物の導入によって作られた不純物半導体では，n形にしてもp形にしても，外部から半導体に不純物をドープすることにより過剰なキャリアが導入されているということで，真性半導体における伝導電子と正孔の発生の仕方とは，キャリアの発生の仕方が全く違うということです．

もう一つは，真性半導体ではキャリアの発生の仕方に起因して，伝導電子の密度 n と正孔の密度 p は常に等しくなります．そして，真性半導体のキャリア密度は真性キャリア密度と呼ばれますが，これを n_i とすると，真正半導体では $n = p = n_i$ の条件が常に成立します．一方，不純物半導体ではこの条件は当然成立しなくて，代わりに伝導電子密度 n と正孔密度 p の積が一定になり，n と p の間には次の等式が成立します．

$$pn = n_i^2 \tag{7.3}$$

この式 (7.3) の関係は熱平衡の半導体では，真性半導体も含めてすべての半導体において，伝導電子密度 n と正孔密度 p の間で常に成立する重要な法則です．式 (7.3) で表される関係は質量作用の法則と呼ばれています．なお，Si と Ge の真性キャリア密度は，それぞれ $1.45 \times 10^{10} [\text{cm}^{-3}] (1.45 \times 10^{16} [\text{m}^{-3}])$ および $2.4 \times 10^{13} [\text{cm}^{-3}] (2.4 \times 10^{19} [\text{m}^{-3}])$ です．

7.2.2 キャリアの移動度と半導体の電気伝導度

6 章で説明したように，導電物質中の電子は電界 E を加えると加速されますが，加速された電子は不純物原子や振動する原子と衝突を繰り返しながら運動します．その結果，電子の運動速度は式 (6.7) で表される，加えられた電界 E に比例する一定の速度 $v(= q\tau E/m)$ に落ち着きます．ここで τ は電子の衝突の緩和時間です．この電子の速度 v はドリフト速度と呼ばれます．そして，方向を無視すると，ドリフト速度 v と電界 E を使って，電子の移動度 μ は次のようになります．

$$\mu = \frac{v}{E} \tag{7.4}$$

したがって，ドリフト速度 v を $v = q\tau E/m$ とおくと，移動度 μ は，次の式で表されます．

$$\mu = \frac{q\tau}{m} \tag{7.5}$$

そして，電気伝導度 σ は 6 章の式 (6.9a) に従って $\sigma = nq\mu$ となるので，ここで伝導電子と正孔の伝導度をそれぞれ，σ_e, σ_h とおき，それぞれのキャリア密度 n と p を使って σ_e, σ_h を表すと，これらは次の式のようになります．

$$\sigma_e = nq\mu_e \tag{7.6a}$$

$$\sigma_h = pq\mu_h \tag{7.6b}$$

したがって，電流が伝導電子と正孔の両方のキャリアで運ばれる半導体の伝導度 σ は次の式で表されます．

$$\sigma = nq\mu_e + pq\mu_h \tag{7.7}$$

7.2.3 真性半導体のキャリア密度

真性半導体では価電子帯の電子が禁制帯を越えて伝導帯に移り，これが伝導電子になると共に，この電子の遷移によって生じた価電子帯の電子の抜けた穴が，正孔になることによってキャリアの生成が起こることを 7.1.1 項で説明してきました．だから，真性キャリア密度とは伝導電子密度または，これと等しい密度の

正孔の密度のことになります．

そして，伝導電子密度の値は，一般には伝導電子の(存在できる席の密度を表す)伝導帯の実効状態密度 N_C，フェルミ分布 f_F，および禁制帯の幅(バンドギャップ $\mathcal{E}_g$)の値に依存します．一方，正孔密度は価電子帯の実効状態密度 N_V，フェルミ分布の 1 との差 $(1 - f_F)$，およびバンドギャップ $\mathcal{E}_g$ の値によります．したがって，伝導電子密度と正孔の密度の p, n は補足 7.1 の式 (S7.2) で表されますが，真性半導体ではフェルミ準位 E_i は禁制帯の中央になるので，$E_C - E_F$ と $E_F - E_V$ は，E_F を E_i に読みかえると，共に $(E_C - E_V)/2 = \mathcal{E}_g/2$ となります．したがって，式 (S7.2) を使って，n, p は次の式

$$n = N_C e^{-\frac{\mathcal{E}_g}{2k_B T}}, \quad p = N_V e^{-\frac{\mathcal{E}_g}{2k_B T}} \tag{7.8a}$$

で表されるので，真性キャリア密度 n_i は，式 (7.3) の質量作用の法則を使って，次の式で表されます．

$$n_i = \sqrt{pn} = \sqrt{N_C N_V} e^{-\mathcal{E}_g/2k_B T} \tag{7.8b}$$

したがって，真性キャリア密度 n_i の値は，バンドギャップ $\mathcal{E}_g$ の値に大きく依存することがわかります．だから，0 次近似では (大まかには) 真性キャリア密度の値はバンドギャップ $\mathcal{E}_g$ の大きさによると言えます．この結果，半導体のバンドギャップ $\mathcal{E}_g$ の値が大きければキャリア密度が低く，小さければキャリア密度が高くなることがわかります．真性キャリア密度に関するこの性質は半導体デバイスでは非常に重要なことです．

7.2.4 半導体のキャリア密度の温度依存性

半導体のキャリア密度の温度依存性では，次の三つの温度領域における現象が重要になります．
① 室温以上の高温ではキャリア密度が著しく増大する．
② 室温程度の中温ではキャリア密度はほぼ一定になる．
③ 室温以下の低温ではキャリア密度が不純物のドープ濃度よりも低下する．
これらは図 7.6 に示すキャリア密度の温度依存性から読みとれます．この図は横軸に $1/T$ をとり縦軸に伝導電子密度 n および正孔密度 p の値を対数で示しています．この図では横軸の左側が高温を表し，右側が低温を表していることに注意する必要があります．

さて，上記の三つの温度領域の現象は，この図 7.6 を参照して以下のように説明できます．

◆ **補足 7.1　伝導帯と価電子帯の状態密度とキャリア密度の関係について**

伝導帯と価電子帯の状態密度がそれぞれ $N_C(\mathcal{E}), N_V(\mathcal{E})$ で表されるとすると，エネルギーが $\mathcal{E}$ と $\mathcal{E}+\Delta\mathcal{E}$ の間に存在する伝導電子の密度 Δn は $\Delta n = f_F(\mathcal{E})N_C(\mathcal{E})d\mathcal{E}$ となり，同じく正孔の密度は，電子の抜けた穴だから，$\Delta p = \{1-f_F(\mathcal{E})\}N_V(\mathcal{E})d\mathcal{E}$ となります．したがって，キャリア密度 n, p は，n に関してはエネルギー $\mathcal{E}$ について伝導帯端エネルギー E_C から ∞ まで積分し，p に関しては $-\infty$ から価電子帯端エネルギー E_V まで積分して，それぞれ次の式で与えられます．

$$n = \int_{E_C}^{\infty} f_F(\mathcal{E}) N_C(\mathcal{E}) d\mathcal{E} \tag{S7.1a}$$

$$p = \int_{-\infty}^{E_V} \{1 - f_F(\mathcal{E})\} N_V(\mathcal{E}) d\mathcal{E} \tag{S7.1b}$$

詳細は省略しますが，式 (S7.1a, S7.1b) を使って，p と n を計算すると次のようになります．

$$n = N_C e^{-(E_C-E_F)/k_B T}, p = N_V e^{-(E_F-E_V)/k_B T} \tag{S7.2}$$

ここで，N_C と N_V は伝導電子と正孔の質量をそれぞれ m_e, m_h として，次の式で与えられます．

$$N_C = 2\left(\frac{2\pi m_e k_B T}{h^2}\right)^{\frac{3}{2}}, \quad N_V = 2\left(\frac{2\pi m_h k_B T}{h^2}\right)^{\frac{3}{2}} \tag{S7.3}$$

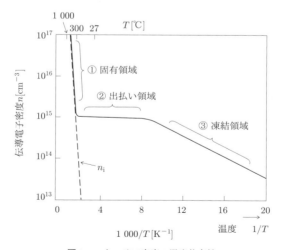

図 **7.6**　キャリア密度の温度依存性

①の温度領域すなわち高温では $k_B T$ の値が大きくなり熱エネルギーが増大するので，価電子帯の電子が伝導帯へ励起される遷移確率が高くなり，伝導帯の伝

導電子が増えると共に価電子帯では正孔の密度が増え，式 (7.8b) にしたがって真性キャリア密度が増大します．この現象は半導体 (物質) に不純物をドープする前の真性半導体に固有の性質が関わっています．したがって，この領域は固有領域と呼ばれます．

真性キャリア密度の増大は伝導電子密度 n と正孔密度 p の両方で等量だけ起こるので $n \fallingdotseq p$ の状態になり，この領域で温度が高い場合には不純物半導体であってもドープした不純物によらず真性半導体の性質を示します．そして，温度 T の上昇と共にキャリア密度はバンドギャップの $\mathcal{E}_g$ の値に依存してその値が急激に増大します．

②の温度領域 (室温近傍) では不純物半導体の性質が顕著に表れています．すなわち，キャリア密度はドープした不純物の濃度 (密度) で決まっています．室温程度の温度ではドナー準位，アクセプタ準位などの不純物準位にトラップ (捕獲) されていたキャリアは，ほぼすべて励起されますので，この温度領域ではドープした不純物とほぼ同じ密度のキャリアが発生しています．このためこの温度領域はキャリアが (不純物の作る準位から) 出払っていると解釈され，出払い領域と呼ばれています．

③の領域は室温以下の温度領域ですが，この領域では不純物半導体の低温での性質が現れています．すなわち，室温以下に温度 T が下がると，$k_B T$ に従って熱エネルギーが下がるために，不純物準位にあるキャリアは十分励起できなくなり，一部は準位にトラップされたままになります．その結果，キャリア密度はドープした不純物の密度 (濃度) より低くなります．

この傾向は温度が下がるに従ってさらに顕著になり，非常に低い低温では不純物準位のキャリアはほとんどが準位に捕獲されたままになります．この結果，この状態では不純物半導体であっても，絶縁体と同じようにほとんど電流が流れなくなります．したがって，この領域はドープした不純物が機能を停止しているので凍結領域と呼ばれます．

次の8章では半導体デバイスについて述べますが，キャリア密度の温度依存性はデバイスの信頼性と深い関わりがあります．実は，半導体デバイスは最初バンドギャップ (禁制帯幅) の比較的狭い (約 0.72[eV]) Ge 半導体で実用化されましたが，Ge 製の半導体デバイスはバンドギャップが小さいために不良事故が度々起こったのです．

というのはバンドギャップが小さいと比較的低い温度 (上限は $100[℃] \approx 400\,[K]$) で真性キャリア密度が増える固有領域に入り，デバイスの漏れ電流が増大します．

したがって，Ge 製の半導体デバイスは何らかの原因でデバイスのおかれた温度が室温よりかなり高くなると不良事故が起こりやすくて，デバイスの信頼性が低かったのです．この欠点を補うために Ge 半導体に代わって，バンドギャップの比較的大きい，Si 半導体が使われるようになった経緯があります．

7.3 ドナーとアクセプタの作るエネルギー準位

7.3.1 ドナーとアクセプタの作る局在準位

伝導電子を供給する不純物はドナーで，正孔を供給する不純物はアクセプタだと 7.2.1 項で述べましたが，これらのドナーやアクセプタはエネルギーバンド (構造) の禁制帯の中にエネルギー準位を作ります．これらのドープした不純物の作る準位は，すでに述べたように，ドナー準位とかアクセプタ準位と呼ばれます．

エネルギー準位といえば，頭に浮かぶのは固体のエネルギー準位として示したような連続な準位です．しかし，エネルギー準位が完全に連続であるためには固体の結晶構造は完全でなくてはなりません．もしも，結晶に欠陥があればエネルギー準位は欠陥の位置で不連続になります．

たとえば，図 7.7 に示すような禁制帯のエネルギーバンドがあるとします．エネルギーバンドはエネルギー準位の集まりですから，禁制帯を構成するエネルギーバンドの中に欠陥を持つ準位があると禁制帯も完全でなくなります．すなわち，準位の不完全な箇所は禁制帯のバンドを構成しなくなり，図 (a) に示すように禁制帯の中に孤立したエネルギー準位が発生します．ドナーやアクセプタの準位はこうした禁制帯の中に発生する準位で，図 (b) に示すように，ドナー準位は伝導帯の近くに，アクセプタ準位は価電子帯の近くに発生します．

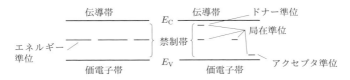

図 **7.7** 不連続なエネルギー準位

禁制帯の中にできる準位は，図 7.7 に示すように，孤立した位置に発生しますので，このような準位は局在しているといわれます．この関係でドナー準位やアクセプタ準位に限らず禁制帯に発生する孤立した準位は局在準位と呼ばれます．

結晶の中に格子欠陥があると，主に不純物原子などの不純物の作る点欠陥ですが，これらは局在準位を作ります．局在準位には金属不純物の作る準位もあります．

ドナーやアクセプタになるPやBなどの不純物原子も半導体のGeやSiの結晶の格子の中では結晶を構成する原子ではないので，一種の不純物原子，すなわち点欠陥とみなせます．しかし，ドナー準位やアクセプタ準位は，一般には結晶欠陥による局在準位とはみなさないのが普通です．

7.3.2 ドナー準位やアクセプタ準位は浅い準位

ドナー不純物原子のPやアクセプタ不純物原子のBを半導体結晶にドープ(添加)して，これらの原子がイオン化すると，ドナー不純物のPイオンは1個の電子と結合エネルギーの小さい弱い結合を作り，アクセプタ不純物のBイオンは正孔と弱い結合を作ります．これらの電子や正孔の結合エネルギーは0.04[eV]程度で非常に小さいと6章において述べました．そして，これらの電子や正孔はP原子(ドナー不純物原子)やB原子(アクセプタ不純物原子)との弱い結合から容易に離れて，それぞれ伝導帯および価電子帯に移って負電荷や正電荷を運ぶキャリアとして働くと説明しました．不純物イオンと電子や正孔の結合力が弱いということは，ドナー不純物の作るドナー準位やアクセプタ不純物が作るアクセプタ準位が，図7.8(a),(b)に示すように，それぞれ，禁制帯の上端の近くと下端の近くの，バンド端とのエネルギー差の小さい(ほぼ0.1[eV]以下)位置に存在していることに起因しています．このように禁制帯の中のエネルギーバンドの端から近いエネルギー準位は浅い準位(シャローレベル shallow level)と呼ばれます．だから，ドナー準位やアクセプタ準位は浅い準位です．

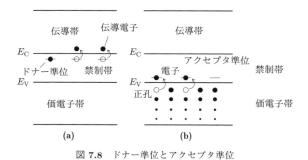

図 **7.8** ドナー準位とアクセプタ準位

7.4 禁制帯中の深いエネルギー準位とその役割

前節では伝導電子や正孔を作る不純物原子が浅い準位になる例を示しましたが，深い準位 (ディープレベル，deep level) を作る不純物原子もあります．深い準位はエネルギーバンドのどちらのバンド端から測ってもエネルギー差の大きい禁制帯の中央付近に発生する局在準位です．一般に半導体結晶中の鉄 (Fe) などの重金属不純物は深い準位を作ります．

バンド端からのエネルギー差は一方のバンド端からのエネルギー差が大きくなり過ぎると，反対側のバンド端からのエネルギー差は小さくなってしまいますので，どちらのバンド端から測ってエネルギー差の最も大きい位置はバンドギャップの中央付近ということになるからです．

禁制帯幅 (バンドギャップ)$\mathcal{E}_g$ の値が大きい半導体の場合には，価電子帯の電子がバンドギャップ $\mathcal{E}_g$ を介して伝導帯に移る遷移確率が小さいので，7.2節で説明したように真性キャリア密度 n_i は低くなります．しかし，バンドギャップの中央付近に局在準位 (深い準位) が存在すると，図 7.9(a) に示すように価電子帯の電子が局在準位をとび石にして，伝導帯へ移りやすくなり，伝導電子や正孔の真性キャリアの密度は増大します．

したがって，半導体中に深い準位があると，バンドギャップ $\mathcal{E}_g$ が大きい半導体においてもキャリアの生成が比較的容易に起こることになります．また，逆に伝導帯にある伝導電子は，図 7.9(b) に示すように深い準位に容易に捕獲されるようになります．それと同時に，図 7.9(c) に示すように深い準位をとび石にして伝導帯の伝導電子が価電子帯に容易に移って，正孔と再結合して消滅できるようになります．なお，

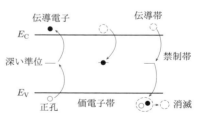

(a) キャリアの生成　(b) キャリアのトラップ　(c) キャリアの再結合

図 7.9　深い準位を介したキャリアの生成と消滅

半導体の中で伝導電子と正孔が結合することは，ここで使ったように再結合という言葉がよく使われます．

以上の現象は一見奇妙で，片やキャリア密度が増し，片やキャリア密度が減少

してキャリア密度の増減がなさそうですが,そうではありません.増加している
キャリア密度は真性キャリア密度で,減少しているのは不純物をドープして発生
させたキャリア密度です.だから,深い準位の密度が多くなると真性キャリアの
密度は上がるのですが,ドープした不純物によるキャリア密度は下がります.し
かも,これらの現象が起こるのはデバイスの箇所で説明しますが,デバイスの動
作においては異なった状況のときです.

　半導体デバイスにとっては真性キャリア密度が大きいことは非常に有害なので
す.なぜかといいますと,半導体デバイスでは,デバイスを動作させないときと
か,デバイスに逆方向に電圧(逆バイアス)を加えるときがありますが,こうした
場合にはデバイスに電流が流れては困ります.しかし,半導体中の深い準位の密
度が高いと逆バイアス状態で,真性キャリアの生成が容易に起こり,デバイスに
電流が流れてしまうのです.こうしたデバイスにとって不必要に流れる電流は漏
れ電流といわれ,漏れ電流の多いデバイスは不良品となります.このために半導
体の製造では重金属不純物原子の混入には特に注意が払われます.一般に重金属
不純物の混入を避けるために厳重に管理されたクリーンルームの中でデバイスの
製造は行われています.

　また,深い準位はキャリアを捕獲(トラップ)する働きをすると説明しました
が,この現象によってより深刻な影響を受けるのは,ドープした不純物の作る多
数キャリア密度とは逆のキャリア密度,つまり少数キャリア密度です.これらが
深い準位の存在によって容易に減少するのです.このことは8章で詳しく説明し
ますが,不純物原子をドープして増加するキャリアは多数キャリアですが,少数
キャリアは質量作用のため多数キャリアの増加によってむしろ減少します.そし
て,半導体デバイスでは少数キャリアの働きが非常に重要ですが,デバイスの動
作中に,この少数キャリアが深い準位によって捕獲されて減少し,重要な働きが
できなくなってしまうのです.だから,深い準位は半導体デバイスにとって非常
に有害です.

演 習 問 題

7.1 エネルギー $\mathcal{E}$ と波数 k を使った $\mathcal{E}$–k 曲線で表されるエネルギーバンド図では,伝導帯が下に凸の形の $\mathcal{E}$–k 曲線で表されるのに対し,価電子帯は上に凸の $\mathcal{E}$–k 曲線の形で表される.そして二つのバンド間,すなわち伝導帯と価電子帯の間に禁制帯が生まれる.この現象を電子の(波の)回折効果を使って説明せよ.

7.2 不純物原子をドープした，ある Si 半導体の伝導電子密度 n が，$n = 1 \times 10^{16}[\text{cm}^{-3}](1 \times 10^{22}[\text{m}^{-3}])$ であったという．この半導体の少数キャリアの正孔密度 p はいくらになるか？

なお，真性キャリア密度 n_i は，$n_i = 1.45 \times 10^{10}(1.45 \times 10^{16}[\text{m}^{-3}])$ とせよ．

7.3 B を濃度 (密度) にして $1 \times 10^{16}[\text{cm}^{-3}](1 \times 10^{22}[\text{m}^{-3}])$ だけ Si 半導体にドープした．ところが，この半導体の正孔密度 p を測定したところ，正孔密度 p は約 $1 \times 10^{15}[\text{cm}^{-3}](1 \times 10^{21}[\text{m}^{-3}])$ であったという．正孔密度がドープした B の濃度より小さい原因について考察せよ．

7.4 浅い準位はキャリアの発生 (や増加) に対して有効に働く．一方，深い準位は少数キャリアの消滅 (や減少) を惹き起すといわれている．これらのことを説明せよ．

Chapter 8

半導体の応用

　半導体は半導体デバイスという電子部品として実用化されています．半導体製品はいまや産業のコメとしてあらゆる IT 装置などに不可欠なものです．最近の半導体製品はミクロな半導体デバイスを集積した集積回路 (LSI) ですが，半導体デバイスの機能の基本は依然としてトランジスタです．トランジスタの動作は p–n 接合の性質に基づいており，デバイス動作で基本的に重要な事項は p–n 接合に発生する接触電位とかエネルギー障壁と呼ばれるものです．この章では，エネルギー障壁についてわかりやすく解説したあと，この基礎知識の理解の下に p–n 接合ダイオード，バイポーラ・トランジスタ，および MOS トランジスタの構造と動作について説明することにします．

半導体にはなぜ高純度と高クリーン度が必要か

8.1.1 半導体デバイスの動作不良を惹き起すごく微量なナトリウム汚染

▶人間が微量なナトリウムイオンの汚染源

　半導体デバイスにとって有害不純物汚染の問題はデバイス特性と密接に関連していて基本的に重要です．なぜかといいますと不純物は極めて微量でもデバイス特性に深刻な影響を与えるからです．編集者は省略を勧めますが，ここで最初に汚染の問題をとり上げます．半導体デバイスの p–n 接合ダイオードや p–n–p トランジスタなどは，これらが開発された当初はデバイスの動作が極めて不安定でした．このため開発技術者の間に半導体デバイスは実用的な製品にはならないのではないか，という深刻な空気が一時期流れたといわれています．

　半導体デバイスの開発当時，トランジスタの製造では良品が製造できる割合が高くないだけでなく，良品と思われた製品でもデバイス動作が不安定で，取扱者の思い通りにデバイスが動作しないようなことも度々起こったからです．これを深刻に受け止めた開発技術者の必死の原因究明によって，微量なナトリウムイオン Na^+ がデバイスの不安定さを引き起こしていることがわかってきました．しかし，これに対する対策がまた大変でした．

　半導体デバイスの製造では表面が通常の空気雰囲気に直接さらされないように，

デバイスの表面が酸化膜で被覆される工程があります．だから，Na^+ 不純物が存在していても，その害は半導体デバイスには及ばないだろうと考えられていました．しかし，塩分が人間の生命に不可欠なこともあって，人間のいる環境では，皮膚から出る汗などを通して食塩成分の Na^+ が常に存在します．したがって，Na^+ が混入しない特別の処置をしない限り半導体の表面は常に Na^+ 汚染の危険にさらされている状況にあります．

都合の悪いことに，デバイスの製造に使われる半導体の表面に Na^+ が付着すると，(製造工程の) 半導体を酸化する作業工程で Na^+ が酸化膜の中に取り込まれ，これが酸化膜の中に残ってしまいます．こうして酸化膜中に残存したナトリウムイオンは直下の半導体に正電荷として影響を及ぼし，デバイスの動作を狂わせてしまうのです．

更に悪いことに，外部から加える電圧によって Na^+ が酸化膜の中で移動できることがわかりました．電荷を持つ Na^+ が酸化膜の中を動くことはデバイスにとっては，加わる電圧が少し変化することと等価ですから，電圧の操作で動作する半導体デバイスにとっては，Na^+ 汚染が致命的な障害になることを示しています．

こうして半導体デバイスの不良原因が Na^+ であることが明らかになって，塩分をデバイスから遠ざけること，殊に半導体の製造途中においてこれを達成するための処置が徹底的に行われました．すなわち，半導体の製造では (塩分を伴う) 人間は素手では絶対に半導体に触れないようにすると共に，製造環境を汚染物のない雰囲気にするために半導体の製造にクリーンルームが使われるようになりました．

8.1.2 半導体デバイスの不良事故を惹き起すごく微量な重金属不純物

半導体デバイスの製造ではごく微量な重金属不純物の混入によっても不良事故が起こることがありますが，この問題には，半導体は導体と比較してキャリア密度がかなり低いという事情が背景にあります．すなわち，導体では伝導電子密度は原子の密度と同じ程度で約 $10^{22} [cm^{-3}]$ になります．ところが，半導体では多数キャリアのキャリア密度が比較的高い不純物半導体においてもキャリア密度は $10^{16} [cm^{-3}]$ 程度が普通です．しかも半導体デバイスでは少数キャリアがしばしば重要な働きをしますが，この密度は多数キャリア密度に比較して極端に低くなっていて，不純物原子の影響を受けやすい事情があります．

たとえば，多数キャリアが伝導電子でその密度 n が $1 \times 10^{16} [cm^{-3}]$ だとしますと，少数キャリア密度 p は質量作用の法則 ($pn = n_i^2$) に従って計算してみる

と $p = 2.1 \times 10^4 [\mathrm{cm}^{-3}]$ となります．いま，この半導体に仮に 1[ppt](10^{-12}, 1 兆分の 1) のごく微量の不純物原子が混入したとして，このすべてが深い準位 (局在準位) を作ったと仮定しますと，その密度は少数キャリア密度を大きく超えて $10^{10}[\mathrm{cm}^{-3}]$ にも達します．

7 章において金属不純物原子の鉄が半導体結晶に深い準位を作ることを説明しましたが，鉄に限らず鉄のような質量数の大きい重金属不純物の多くは半導体結晶に深い準位を作ります．そして，説明したように，深い準位はキャリアを捕獲 (トラップ) すると共に，これを介して伝導電子は正孔と再結合します．こうして深い準位が存在するとキャリア密度の減少が起こるのです．

密度が $2.1 \times 10^4 [\mathrm{cm}^{-3}]$ のわずかな少数キャリアに対して，$10^{10}[\mathrm{cm}^{-3}]$ もの高い密度の深い準位が存在すると少数キャリアは消滅してしまう可能性さえあります．だから，半導体デバイスは微量な汚染不純物から致命的に有害な影響を受け，デバイスが動作しなくなることさえあります．しかも，これが 1[ppt] のごく微量な重金属不純物で起こることが深刻なのです．

半導体に重金属不純物などの不純物が混入する機会は大きく分けて，半導体材料を作製するときと，この材料を使って半導体デバイスを製造するときの二つの場合があります．半導体材料が Si の場合ですと，まず材料の Si から結晶が作られます．結晶は性質が安定した優れた材料であると共に，材料は結晶化することによって不純物が除かれ純度が上がるのですが，この工程でさえも微量な不純物汚染は起こります．結晶以外の材料の製造では，結晶化のような純化作用は働きませんので，不純物汚染の可能性は一層高くなります．

次に，半導体デバイスの製造工程においてデバイスの中に不純物原子が混入する危険性があります．これにはそれ相当の理由がありまして，半導体デバイスの製造では 1000 ℃ 以上またはこれに近い高温の熱処理が度々施されますが，高温状態では不純物は材料の中に容易に入り込めるようになるのです．だから，半導体デバイスの製造工程では有害な不純物原子が半導体デバイスの中に混入する機会が多いのです．

半導体デバイスの製造工程において銅などの重金属不純物が混入して，大量の半導体製品が不良品になってしまった大事故がこれまでに何度か半導体工場で実際に起こったようです．だから，半導体工場では半導体デバイスを製造するクリーンルームでの重金属材料の取り扱いは，特別な事情がない限り禁じられています．

前項で説明しましたように，アルカリ金属の不純物も半導体デバイスの特性に

は非常に有害なので,半導体デバイスの製造工程ではすべての不純物が混入しないように配慮されています.だから,洗浄などに使われる水の品質も厳重に管理されていて,不純物 (イオン) の混入の無い,極めて電気抵抗の高い純水が製造工程では使われています.

8.2 半導体のフェルミ準位とその重要性

▶n 形半導体と p 形半導体ではフェルミ準位が異なる

物質中の電子の分布を表すフェルミ分布 $f(\mathcal{E})$ は,3 章において式 (3.27) で示したように,次の式で表されます.

$$f(\mathcal{E}) = \frac{1}{1 + e^{(\mathcal{E}-E_F)/k_B T}} \tag{8.1}$$

ここで,E_F はもちろんフェルミエネルギー,すなわちフェルミ準位を表しています.式 (8.1) を縦軸にエネルギー $\mathcal{E}$,横軸にフェルミ分布 $f(\mathcal{E})$ をとって描くと図 8.1(a) に示すようになります.

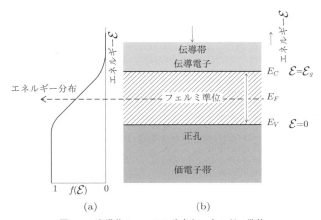

図 8.1 半導体のフェルミ分布とエネルギー準位

いま,図 8.1(b) に示すように,価電子帯の上端でのエネルギー $\mathcal{E}$ を $\mathcal{E} = 0$,伝導帯の下端でのエネルギー $\mathcal{E}$ を $\mathcal{E} = \mathcal{E}_g$ とすることにします.真性半導体では価電子帯から非常に少数の電子が伝導帯に移って伝導電子になり,価電子帯では電子の抜けた穴が正孔となって発生します.これらの伝導電子や正孔が運動エネルギーなどの余分のエネルギーを持っていないとすると,伝導電子は伝導帯の下端

の E_C に,正孔は価電子帯の上端 E_V に張りついています.

以上の条件の下で伝導電子の分布を考えますが,すると伝導電子のエネルギー $\mathcal{E}$ は,価電子帯の上端 E_V では $\mathcal{E} = 0$,伝導帯の下端では $\mathcal{E} = \mathcal{E}_g$ となります.そして,真性半導体においてはエネルギー $\mathcal{E}$ が $\mathcal{E} = \mathcal{E}_g$ において伝導電子を見出す確率と,$\mathcal{E} = 0$ において正孔を見出す確率は等しくなりますので,次の等式が成り立ちます.

$$1 - f(0) = f(\mathcal{E}_g) \tag{8.2}$$

この式 (8.2) に式 (8.1) の関係を適用すると,次の式が得られます.

$$1 - \frac{1}{1 + e^{-E_F/k_B T}} = \frac{1}{1 + e^{(\mathcal{E}_g - E_F)/k_B T}} \tag{8.3a}$$

この式 (8.3a) を計算して真性半導体のフェルミ準位 $E_F (= E_i)$ を求めると,次のようになります.

$$E_F (= E_i) = \frac{\mathcal{E}_g}{2} \tag{8.3b}$$

したがって,真性半導体のフェルミ準位 $E_F (= E_i)$ は,図 8.1(b) に示すように,禁制帯の中央に位置することがわかります.なお,真性半導体のフェルミ準位は,n 形や p 形半導体のフェルミ準位との混同を避けるために,慣例に従って,E_F ではなくて E_i を使うことにします.

次に,n 形半導体と p 形半導体のフェルミ準位を考えましょう.n 形半導体ではドナー不純物がドープされているので,伝導電子密度 n は真性半導体の真性キャリア密度 n_i よりも大きくなります.したがって,電子の分布を表すフェルミ分布 $f(\mathcal{E})$ はエネルギーの高い伝導帯側寄りにシフトします.これ以降伝導帯の下端のエネルギーを E_C で表し,価電子帯上端のエネルギーを E_V で表すことにしますが,そうすると n 形半導体のフェルミ準位 E_{Fn} は,図 8.2(a) に示すように E_C と E_i の間に位置することがわかります.

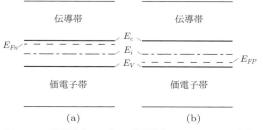

図 8.2 n 形半導体 (a) と p 形半導体 (b) のフェルミ準位

一方，p形半導体ではアクセプタ不純物がドープされて，価電子帯の正孔の密度が増大しています．このことは価電子帯の電子が禁制帯中にあるアクセプタ準位という不純物準位に励起されることを意味していますので，価電子帯の電子の密度は，アクセプタ不純物のドープによって低下しています．したがって，電子の分布であるフェルミ分布はエネルギーの低い下方向にシフトし，p形半導体のフェルミ準位 E_{Fp} は，図 8.2(b) に示すように E_i と E_V の間に位置するようになります．

▶ **n 形半導体と p 形半導体のフェルミ準位の差が半導体デバイスの動作の源になっている**

物質の間でフェルミ準位に差があるときに，同電位で平衡状態の二つの物質を電気的に接合すると，ある種の接触電位差が生じます．次の節で説明するように，この接触電位差は金属と半導体の接合ではショットキー障壁 (バリア) を作り，n 形半導体と p 形半導体の接合ではビルトイン・ポテンシャル (built–in–potential, 内部電位，内蔵電位，拡散電位，または作りつけ電位などと呼ばれます) になります．そして，ショットキー障壁は金属と半導体の接合において整流作用を起こさせるデバイスに使われ，ビルトイン・ポテンシャルは接合で整流作用やトランジスタ作用を起こさせるデバイスに使われます．したがって，半導体デバイスは物質間のフェルミ準位の差を利用した電子装置ということになります．

8.3 接触電位差とエネルギー障壁

8.3.1 金属と金属の接合において生じる接触電位差

いま，絶縁体を挟んだ 2 個の金属のエネルギーバンド図が図 8.3 に示すように描けるものとします．図 8.3(a) には 2 個の金属と絶縁体の間をそれぞれ少し離した場合が描かれ，図 (b) にはこれらの 3 個を密着させて電気的な接合を作った場合のエネルギーバンド図が描かれています．

この図では最も上の位置に描いてある実線は真空準位 (補足 8.1 参照) を表し，金属 M_1 と M_2 のバンドに描いた太線は金属 M_1 と金属 M_2 のフェルミ準位 E_{FM1} と E_{FM2} です．そして，真空準位とフェルミ準位の差 (これはポテンシャルになります) は仕事関数と呼ばれますが，これは記号 ϕ を使って表すことにします．だから図 8.3 では，ϕ_1 と ϕ_2 はそれぞれ金属 M_1 と金属 M_2 の仕事関数を表しています．

二つの物質の接合における仕事関数 (たとえば，図 8.3 の ϕ_1 と ϕ_2) の差は仕

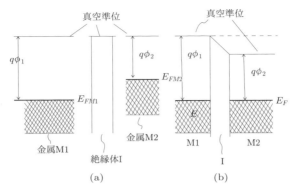

図 8.3　2 個の金属とこれらの接合のエネルギーバンド図

◆ **補足 8.1**　真空準位は真空中の運動エネルギーを持たない電子のエネルギー
　真空準位という言葉は物性関連の本ではしばしば見受けますが，説明なしに使われることが多く内容の理解を難しくしている可能性がありますので，ここで簡単に説明しておきます．真空準位は電子などの内部構造を持たない粒子のエネルギー準位に関する専門用語です．電子の場合には真空準位は運動エネルギーを持たない真空中にある電子のエネルギー (準位) のことです．金属の中の電子は，1 章で説明したように，広い幅を持った井戸型ポテンシャルの中に存在しますので，電子のフェルミ準位は金属中では真空準位より仕事関数だけ低い位置 (低いエネルギー準位) になります．

事関数差と呼ばれますが，これは今の場合 2 個の金属のフェルミ準位 E_{FM1} と E_{FM2} のポテンシャル差で表されるので，図 8.3 を参照して，仕事関数差 $\phi_1 - \phi_2$ は，次の式で表されます．

$$\phi_1 - \phi_2 = \frac{E_{FM1} - E_{FM2}}{q} \tag{8.4}$$

そして，この式 (8.4) が示すように，仕事関数差は 2 個の物質の接触によって発生する電位になりますので，仕事関数差は接触電位の発生原因になります．

　図 8.3(a) に示すように 2 個の金属の間が離れているときにはフェルミ準位が異なっていても電気的な変化は起こりませんが，図 8.3(b) に示すように，これらを密着させて電気的に接触させますと，2 個の金属の間で電子の移動が起こります．すなわち，いま接触させる前の 2 個の金属 M_1 と M_2 が等電位であったとし，これらの金属をごく薄い絶縁体を挟んで接触させると，フェルミ準位の高い金属 M_2 の電子がごく薄い絶縁体を越えて低い M_1 に移動します．そして，しばらくするとフェルミ準位は図 8.3(b) に示すように全体で一致して平衡状態になります．

すると，金属 M_1 と M_2 では仕事関数が異なりますので，境界で仕事関数差 $\phi_1 - \phi_2$ が生じ，図 8.3(b) に示すように，絶縁体の真空準位は仕事関数差だけ傾きます．こうして 2 個の物質の間に接触電位差が発生すると，平衡状態ではフェルミ準位が一致しているので電子の移動は起こりません．しかし，この状態で 2 個の物質の間に電圧を加えて真空準位の傾きが減少するように電位差を与えると (フェルミ準位が変化するので) 電子の移動が起こります．

詳しいことは次節以降で説明しますが，たとえば図 8.3(b) において，接触した 2 個の物質の間に接触電位差が小さくなるように電位差を与えると，右側の金属 M_2 側から左側の金属 M_1 側へ電子の移動が起こり，M_1 から M_2 へ電流が流れ，整流作用が起こります．したがって，接触電位差は電子素子 (デバイス) に応用することが可能になります．

8.3.2 金属と半導体の接合において生じる接触電位差

図 8.4(a),(b) に，それぞれ金属と n 形半導体のエネルギーバンド図を簡略化して描き，これを使って，金属と n 形半導体を接合させた場合のエネルギーバンド図を図 (c) に示しました．ここでは金属と n 形半導体の仕事関数はそれぞれ ϕ_M と ϕ_{nS} で表しました．半導体では真空準位と E_C (伝導帯下端のエネルギー) のポテンシャル差は電子親和力と呼ばれ，普通記号 χ で表されます．そして，これによるエネルギー差は $q\chi$ となるので図 8.4 でもこれに従いました．

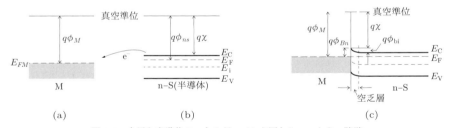

図 **8.4** 金属と半導体のエネルギーバンド図とショットキー障壁

金属と n 形半導体の接合では仕事関数差は $\phi_M - \phi_{nS}$ で表されるので，式 (8.4) を使うと接触電位差は，これを ϕ_{bi} で表すと，次のように表されます．

$$\phi_{bi} = \phi_M - \phi_{nS} = \frac{E_{Fn} - E_{FM}}{q} \tag{8.5}$$

ここで，E_{Fn} と E_{FM} は n 形半導体と金属の共にフェルミ準位を表しています．

なお，ここでは接触電位差を ϕ_{bi} で表しましたが半導体の分野では ϕ_{bi} はすでに言及しましたように内部電位 (又は拡散電位)(built-in-potential) と呼ばれ，$q\phi_{bi}$ はエネルギー障壁と呼ばれています．この内部電位 ϕ_{bi} は，平衡状態において接合で電子の移動を止める働きをします．すなわち，キャリアに対して障壁の働きをしていますので，半導体のデバイスへの応用では，このあと説明するように，内部電位は基本的に重要な基礎事項です．

式 (8.5) で表される内部電位 ϕ_{bi} は，n 形半導体から金属側へ移動する伝導電子に対して障壁として働く電位です．以下で説明するように，n 形半導体と p 形半導体の接合で発生する接触電位は内部電位 ϕ_{bi} だけですが，金属と n 形半導体の接合では，このほかに金属側から n 形半導体側へ移動する伝導電子に対して，次の式で表されるショットキー障壁があります．

ショットキー障壁は ϕ_{Bn} で表され，これは金属の仕事関数 ϕ_M と半導体の電子親和力 χ の差で定義され，次の式で表されます．

$$\phi_{Bn} = \phi_M - \chi \tag{8.6}$$

なお，図 8.4 からわかるように，ϕ_{Bn} と ϕ_{bi} の間には次の関係があります．

$$\phi_{Bn} = \phi_{bi} + \frac{E_C - E_{Fn}}{q} \tag{8.7}$$

なお，障壁はバリア (barrier) ですので，ϕ_{Bn} はショットキー・バリアとも呼ばれます．

▶接触電位差が発生しない金属—半導体接合はオーミックになる！

金属の仕事関数 ϕ_M が半導体の電子親和力 χ よりも小さいときには，式 (8.6) に従ってショットキー障壁 ϕ_{Bn} の値が負になり，金属—半導体の接合に障壁は発生しません．この条件を充たす接合には伝導電子の移動に関して障害になる障壁は存在しないので，伝導電子は接合を自由に行き来できます．したがって，このような接合では電気抵抗が極めて小さいので，電流を双方向に流すことができます．このような金属と半導体の接合はオーミック接触と呼ばれます．半導体デバイスの操作ではオーミック接触が不可欠ですので，オーミック接触に関する知識は半導体デバイスの製造や使用において極めて重要です．

8.3.3 n 形半導体と p 形半導体の接合にできる内部電位

次に，半導体デバイスの基本である p–n 接合に生じる内部電位について考えることにします．いま，図 8.5(a), (b) にそれぞれ示すようなエネルギーバンド構造の p 形半導体と n 形半導体があるとします．これら二つの半導体を接合して p–n

8.3 接触電位差とエネルギー障壁

接合を作ると，平衡状態のエネルギーバンド図は図8.5(c)に示すようになります．

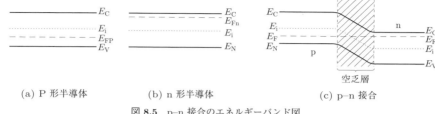

(a) P形半導体　　(b) n形半導体　　(c) p–n接合

図 **8.5** p–n接合のエネルギーバンド図

図8.5(c)に示したエネルギーバンド図ではフェルミ準位が一致していますが，これはp–n接合を作って一体化した平衡状態の物質のフェルミ電位は常に一定になるからです．だから，この図ではp形のフェルミ準位 E_{Fp} とn形のフェルミ準位 E_{Fn} が一致します．これは接合してできたp–n接合全体のフェルミ E_F と一致しますので，接合後は $E_{Fp} = E_{Fn} = E_F$ とおくことにします．

すると，p形とn形半導体の禁制帯の上端のエネルギー E_C の間には，図8.5(c)に示すように，接合前の E_{Fn} と E_{Fp} のエネルギー差で表されるエネルギー障壁の $q\phi_{bi}$ が生じます．このことから，p–n接合の内部電位 ϕ_{bi} は次の式で表されることがわかります．

$$\phi_{bi} = \frac{E_{Fn} - E_{Fp}}{q} \tag{8.8}$$

また，p形半導体とn形半導体を接合させると，接合の近傍ではp形半導体の正孔とn形半導体の伝導電子が再結合しますので，接合の位置の近傍ではキャリア密度が著しく欠乏した領域が生じます．こうしたキャリア密度の欠乏した領域は空乏層と呼ばれます．図8.5では空乏層の領域は斜線を記入して示しました．

半導体デバイスでは式(8.8)で表される内部電位 ϕ_{bi} が極めて重要な働きをします．すなわち，p–n接合において電流が流れ始めるかどうか，すなわちデバイス動作の開始は，次の節で説明するように，p形とn形半導体で作られた接合に加える電位差の方向が，内部電位を小さくさせる方向か，大きくさせる方向かによって決まります．

8.4 半導体デバイスの動作原理の基本

8.4.1 p–n 接合ダイオードの動作原理

　p–n 接合の動作に対しては内部電位 (ϕ_{bi}) が基本的に重要な働きをします．しかし，ここでは先ず電子や正孔などのキャリアの移動について基本的に重要な事柄を述べておくことにします．すなわち，キャリアの移動は拡散とドリフトによって起こります．拡散はある量で表されるものが量の多い場所から少ない場所へ移動するときに起こる普通に見かける物理現象です．また，ドリフトはキャリアが電界によって移動する現象です．キャリアがドリフトによって移動することはよく知られていますが，拡散でキャリアが移動することは見落とされやすい面があります．しかし，p–n 接合ではキャリアの拡散が重要な働きをします．

　さて，p–n 接合の動作ですが，p–n 接合では n 側 (n 形半導体側) には高密度の電子と低密度の正孔があり，p 側 (p 形半導体側) には高密度の正孔と低密度の電子が存在します．だから，n 形半導体と p 形半導体で p–n 接合を作れば，p–n 接合では電子は n 側から p 側へ，正孔は p 側から n 側へ拡散によって移動できる状態にあります．

　しかし，p–n 接合にはエネルギー障壁があるので，n 側と p 側の電極に電圧差を加えない限りキャリアは動けないので電流は流れません．これは電子と正孔の拡散による移動を内部電位 ϕ_{bi} に基づくエネルギー障壁がせき止めているからです．だから，p–n 接合の n 側と p 側の電極の間に電位差を加え，内部電位 ϕ_{bi} の障壁の高さを低くしてやれば n 側の高濃度の電子は低濃度の p 側へ拡散によって移動します．同様に，p 側の高濃度の正孔も n 側へ拡散によって移動をしますので，p–n 接合に p 側から n 側へ電流が流れ p–n 接合ダイオードの動作が始まります．だから，p–n 接合の動作はキャリアの拡散によって始まります．

　このことは，図 8.6(a) に示すように，p–n 接合の p 側の端子が n 側の端子に対して正電位になるように p–n 接合に電位差 V_F を加えると実現できます．そうすると，内部電位によるエネルギー障壁の高さ $q\phi_{bi}$ は qV_F だけ低くなり $q(\phi_{bi} - V_F)$ となるからです．この状態のエネルギーバンド図は図 8.6(a) に示すようになります．この状態が達成されると電子は n 領域から p 領域に移動し，正孔は p 領域から n 領域に移動して，p–n 接合の p 側から n 側へ電流が流れ始めます．つまり，p–n 接合の動作が始まります．このため接合のエネルギー障壁を下げるよう

な p–n 接合への電圧 (電位差) の加え方は順バイアスと呼ばれます．そして加えた電圧 V_F は順バイアス (電圧) と呼ばれます．

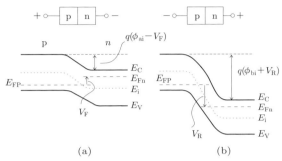

図 8.6 順バイアスと逆バイアスのときの p–n 接合のエネルギーバンド図

また逆に，図 8.6(b) に示すように，p–n 接合の電位差が内部電位 ϕ_{bi} より大きくなるように接合に電位差を与えて逆バイアス電圧 V_R を加えると，p–n 接合におけるエネルギー障壁の高さは $q\phi_{bi}$ より大きくなり，$q(\phi_{bi}+V_R)$ となります．すると接合においてキャリアの拡散は起こりませんので，電流の流れは起こりません．すなわち，この状態ではデバイスに電流が流れないでデバイス動作が止まった停止状態になります．このため，エネルギー障壁の差を拡大させてキャリアの移動に対して障壁をさらに高くするような，p–n 接合への電圧 (電位差) の加え方は逆バイアスと呼ばれます．そして，V_R は逆バイアス (電圧) と呼ばれます．

以上が p–n 接合の動作原理の説明ですが，ここではキャリアの拡散が重要な働きをしますのでこのことに注意すべきです．また，半導体デバイスのほとんどは p–n 接合，又はこれの組み合わせでできていますので，p–n 接合の動作原理は半導体デバイス動作の基本原理にもなっていることを指摘しておきます．

8.4.2 n–p–n バイポーラ・トランジスタの動作原理

2 個の p–n 接合を背中合わせに接合した n–p–n または p–n–p 接合は，信号の増幅作用などのいわゆるトランジスタ作用を持ち，この構造のデバイスはトランジスタと呼ばれます．そして，この種のトランジスタはもう一つの種類の MOS トランジスタと区別するためにバイポーラ・トランジスタと呼ばれています．バイポーラ・トランジスタには p–n–p トランジスタと n–p–n トランジスタがあります．ここでは n–p–n トランジスタを使ってバイポーラ・トランジスタの動作を

説明することにします.

n–p–n トランジスタは3個の領域を持っていて，これらの領域は，前から順にそれぞれエミッタ，ベース，コレクタと呼ばれます．そしてこれらの領域にはそれぞれエミッタ電極，ベース電極，およびコレクタ電極の電極端子が付けられます．ここではこれらの電極端子を，図 8.7(c) に示すように前から順に a, b, c とすることにします.

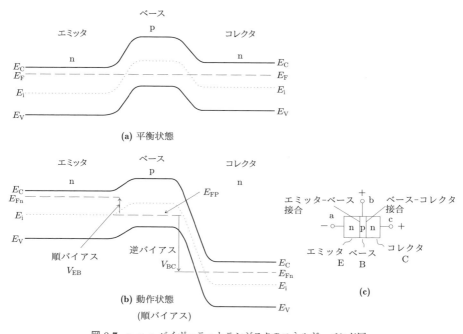

図 **8.7** n–p–n バイポーラ・トランジスタのエネルギーバンド図

n–p–n トランジスタの動作ですが，この動作においてもキャリアの拡散が重要です．しかし，この場合にはドリフトも重要な役割を果たします．この n–p–n トランジスタの3個の a, b, c のすべての電極端子間に電位差を加えない平衡状態のエネルギーバンド図を図 8.7(a) に示しましたが，この状態では接合に電流は流れません．これは，前から順にエミッタ–ベース接合とベース–コレクタ接合に，共に形成されている内部電位によるエネルギー障壁がキャリアの拡散による移動をせき止めているからです．

だから，キャリアが移動を始めてトランジスタが動作するには，p–n 接合の動

8.4 半導体デバイスの動作原理の基本

作のときのように，接合の両側の電極端子間に電位差を加えて内部電位による障壁の高さを下げればよいと思われます．いま，b のベース電極端子を開放にして，エミッタとコレクタ電極の端子に，エミッタがコレクタに対して負電位になるように電位差を加えたとします．しかし，このような条件でトランジスタに電位差を加えただけではエミッタ–ベース接合の障壁も，ベース–コレクタ接合の障壁も下がりませんので，エミッタ領域の電子は二つの接合を拡散して，コレクタ領域へ移動することはできません．だから，この状態ではトランジスタは動作しません．

しかし，図 8.7(c) に示すように，この状態 (エミッタ負，コレクタ正) でベース電極端子 b に，エミッタ電極に対してわずかに正電位になるように小さい正電圧を加えてエミッタ–ベース電極間に電圧差が生じさせるようにすると，エミッタ–ベース接合は順バイアスになり障壁の高さが下がります．だから，電子はこの接合を移動できるようになります．しかし，ベース端子とコレクタ端子の電位の関係は，(ベース端子の正電位がコレクタ端子の正電位より小さいので) ベース端子がコレクタ端子に対して負電位側になり，ベース–コレクタ接合は逆バイアスになるので障壁の高さは拡大します．だから，電子の移動はこのベース–コレクタ接合で止まることになりそうです．

しかし，実際にはベース端子に小さい正電圧を加えて，エネルギーバンドの状態を図 8.7(b) に示すようにすると，エミッタからベース領域に流れ込んだ電子は，ベース–コレクタ接合を通ってコレクタ電極端子に到達することができます．何故かと言いますと，このときにはベース–コレクタ接合まで達した電子に大きなコレクタ電界 (正電圧) が働き，キャリアのドリフト現象がキャリアの移動に寄与するからです．すなわち，このときのコレクタ電極端子の正電位はベース電極端子の正電位により数段大きいので，コレクタ端子の電界は非常に強い電界です．この強い電界がベース–コレクタ接合まで達した電子をコレクタ電極に強く引き付けるのです．この結果，エミッタ領域から拡散して移動し始めた電子はベース領域を通って，ベース–コレクタ結合に達します．そしてベース–コレクタ接合をドリフトによって通過してコレクタ電極にたどり着くのです．

キャリアの移動を詳細にみると，エミッタ (n 側) から障壁を越えてベース (p 側) へ流れ込んだ (注入された) 伝導電子は，(ベース幅は非常に狭く作られており，正孔の密度も低いので) ベース領域の正孔とほとんど再結合しないでベース領域の中を拡散して通過し，隣のベース–コレクタ接合へ達します．ベース–コレクタ接合に到達した伝導電子はコレクタ電極の強い正電界に引き付けられてコレクタ電極までドリフトによって移動します．この結果，伝導電子 (キャリア) の移

動方向とは逆方向に，すなわちコレクタ電極端子 c からエミッタ電極端子 a へ電流が流れ始め，n–p–n トランジスタの動作が始まります．

8.4.3 MOS 構造の電界効果

もう一つのトランジスタに MOS トランジスタがあります．このトランジスタの動作原理はバイポーラ・トランジスタの動作原理とは全く異なっていて，MOS 電界効果に基づいています．このため MOS トランジスタは MOS 電界効果トランジスタと呼ばれます．MOS というのは金属 (Metal)，酸化膜 (Oxide)，半導体 (Semiconductor) のそれぞれ英語の頭文字をとって付けた名前で MOS 構造を意味しています．

MOS 構造の断面と MOS 構造のエネルギーバンド図は，それぞれ，図 8.8(a) および図 8.9(d) に示すようになります．MOS 構造は MOS ダイオードとも呼ばれますので，ここではこの用語もあわせて使うことにします．MOS ダイオードは記号を使って描くと図 8.8(b) に示すようになります．

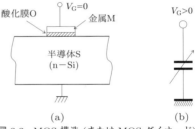

図 8.8 MOS 構造 (または MOS ダイオード)

MOS 構造の金属 M には電極が付けてあり，この電極はゲート電極と呼ばれます．また，図に示すように半導体は接地されています．MOS ダイオードは金属 M と半導体 S で酸化膜 O を挟んでいるので，図 (b) に示すようにコンデンサの働きもします．このコンデンサは以下に説明しますように，ゲート電極への電圧の印加によって半導体の容量が変化するので，可変容量コンデンサとみなすことができます．

▶理想 MOS 構造を仮定して MOS 電界効果を考える

MOS 構造に現れる電界効果を説明するには理想 MOS 構造を仮定する必要があります．なぜかといいますと，現実の MOS 構造には，酸化膜中に微量の電荷が含まれる場合や金属の仕事関数 ϕ_M と半導体の仕事関数 (ϕ_{Sn} または ϕ_{Sp}) が一致していない場合が普通です．しかし，MOS 構造がこのような状態ですと，MOS 構造のゲート電極にゲート電圧 V_G を加える前から，半導体表面のエネルギーバンド図は平衡状態からずれた状態になり，MOS 電界効果の説明が複雑になって，簡単にわかりやすい説明をすることが困難だからです．

8.4 半導体デバイスの動作原理の基本

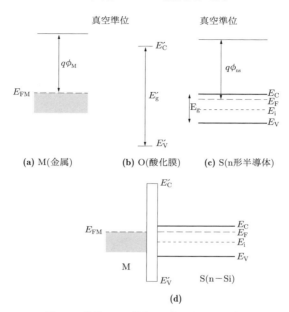

図 8.9 理想 MOS 構造のエネルギーバンド図

そこで，ここでは半導体としては n 形半導体を仮定しますが，それと同時に，金属 M と n 形半導体 S の仕事関数は等しく ($\phi_M = \phi_{Sn}$)，かつ，酸化膜 O の中には一切の孤立電荷は存在しないと仮定します．すると，エネルギーバンド図が図 8.9(a)～(c) に示される，それぞれ金属，酸化膜，n 形半導体を接合して作った MOS 構造になります．この MOS 構造のエネルギーバンド構造は図 8.9(d) に示すようになり，エネルギーバンドには (平衡状態では) 一切の曲がりは生じません．この状態の MOS 構造は理想 MOS 構造と呼ばれます．ここでは，この理想 MOS 構造をベースにして以下に MOS 電界効果を説明することにします．

▶ '蓄積' はゲート下にキャリアが過剰に集まった状態のこと

まず，MOS 構造の '蓄積' ですが，この状態は図 8.10(a) に示すように，ゲート電極に正のゲート電圧 $V_G(V_G > 0)$ を加えたときに起こります．MOS 構造ではゲート電圧 V_G を正にすると，酸化膜 O を介して n 形半導体の表面に下向きの電界が加わりますので，n 形半導体の (負電荷の) 伝導電子がクーロン引力によって周囲からゲート下に引き寄せられます．すると，多数の伝導電子がゲート下の半導体の表面に集まるので，n 形半導体の表面では伝導電子が蓄積されて過剰になります．この状態は '蓄積' と呼ばれます．

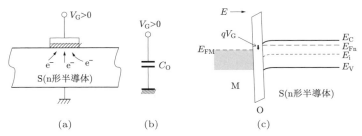

図 8.10 MOS 電界効果の蓄積

このときの MOS ダイオードの様子は図 8.10(b) に示すようになり，エネルギーバンド図は図 8.10(c) に示すようになります．すなわち，MOS 構造の'蓄積'状態ではゲート電極に正のゲート電圧 V_G が加わっているので，矢印で示すように，金属 M のフェルミ準位 E_{FM} は n 形半導体のフェルミ準位 E_{Fn} の位置から下方向へ押し下げられています．すると伝導帯下端のエネルギー E_C は表面近くで下方向に曲がり，表面では n 形半導体のフェルミ準位 E_{Fn} に極めて近い位置にきます．つまり，この状態の半導体のエネルギーバンド図では，フェルミ準位 E_{Fn} が真性フェルミ準位の E_i から遠ざかり伝導帯端 E_C に接近しています．だから，キャリア密度 (伝導電子密度) が極めて高くなっていることを示しています．

▶ '空乏' は半導体表面のキャリア密度が減少して欠乏すること

次に，ゲート電極に負電圧を加えゲート電圧 V_G を負にする ($V_G < 0$) と，n 形半導体の表面に加わる電界は表面方向 (上方向) を向くので，半導体中の負電荷を持つ伝導電子に対してはクーロン反発力が働きます．その結果，図 8.11(a) に示すように，ゲート電極下の半導体の表面では負電荷の伝導電子が排斥されて，伝導電子の密度が低下し，キャリア密度が欠乏した状態が起こります．この状態はキャリア密度がゲート電極下で欠乏しているので '空乏' と呼ばれます．

そして，キャリア密度の欠乏した領域は空乏層と呼ばれます．空乏層の電気抵抗は絶縁体に近いので，この状態では静電容量が発生します．この静電容量を C_{D1} とすると MOS ダイオードの静電容量は，図 8.11(b) に示すように，酸化膜の静電容量に対して直列接続の形になるので MOS 容量は減少します．

そして，エネルギーバンド図は図 8.11(c) に示すように，表面近くで伝導帯端のエネルギー E_C は上方向へ曲がります．その結果，半導体表面ではフェルミ準位 E_{Fn} は E_C から遠ざかり真性半導体のフェルミ準位 E_i に近づきます．したがって，ゲート下の n 形半導体の表面は真性半導体の状態に近づくことがわかります．すなわち，半導体の表面ではキャリア密度が n 形半導体の内部よりかなり

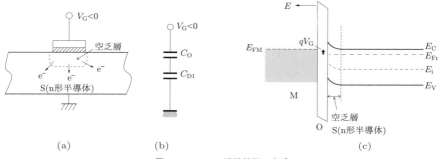

図 8.11 MOS 電界効果の空乏

低い状態になります．だから，この状態は空乏なのです．
▶ '反転' は表面の伝導型が n 形から p 形へ，または p 形から n 形へ逆転すること

最後に，MOS 電界効果の '反転' は，次のようにして起こります．この場合もゲート電極に空乏のときと同じように負の電圧を加えるのですが，この場合には空乏を起こすときよりもさらに絶対値の大きい負の電圧 ($V_G \ll 0$) を加えます．すると，ゲート電極の直下では上向きの強い電界がかかるので，半導体の表面においては伝導電子密度が欠乏して空乏層が拡がるだけでなく，図 8.12(a) に示すようにゲート電極下に発生した空乏層に正電荷の正孔が強い電界によって引き寄せられます．そして，これらの正電荷の正孔はゲート直下の表面に集まります．

ゲート電界によって表面に集まる正孔の大部分は，空乏層内の深い準位を介して発生した電子–正孔対の正孔です．すなわち，空乏層に強い電界が加わると深い準位が電子–正孔対の発生源として働き，電子と正孔が発生します．このうちの正孔が n 形半導体の表面に集まり正孔密度が増大するので，ゲート電極直下の半導体の表面は p 形になります．すなわち，表面で半導体の伝導型が n 形から反転して p 形の半導体になります．こうして伝導型が反転した領域は反転層といわれます．そして，このようにゲート電極直下の半導体領域の伝導型が反転する現象は '反転' と呼ばれます．

この状態では半導体の静電容量は，空乏層だけが存在するときのものとは異なるので，これを C_{D2} とすると，MOS ダイオードの静電容量は図 8.12(b) に示すよう C_0 と C_{D2} の直列接合になります．また，エネルギーバンド図は図 8.12(c) に示すようになります．すなわち，このとき伝導帯下端のエネルギー E_C は表面近傍で上側に大きく曲がり，n 形半導体のフェルミ準位の位置から大きく離れま

す.そして,フェルミ準位 E_F は真性フェルミ準位 E_i の下に来て価電子帯の上端のエネルギー E_V に近づきます.

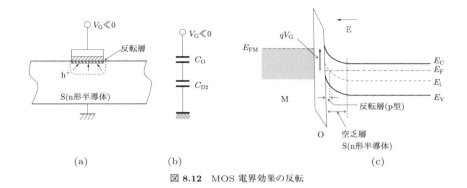

図 **8.12** MOS 電界効果の反転

このようにフェルミ準位 E_F が真性フェルミ準位 E_i と価電子帯上端のエネルギー E_V の間にくる半導体は p 形半導体ですので,このときゲート下の半導体表面が p 形に変化したことがわかります.だから,ゲート電極直下の半導体表面では n 形から p 形への伝導型の反転が起こっています.次の節では半導体デバイスについて簡単に説明しますが,MOS トランジスタでは反転層の形成はその動作の基本になる重要な事項です.

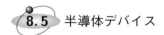
8.5 半導体デバイス

8.5.1 半導体デバイスの主な機能とデバイスの種類

半導体デバイスには,オン (on)–オフ (off) 作用に基づくスイッチング作用,交流を直流に変換する整流作用,そして小さい信号を大きな信号に変換する増幅作用などがあります.これらの作用を持つ代表的な半導体デバイスには p–n 接合ダイオード,n–p–n バイポーラ・トランジスタ,および MOS (電界効果) トランジスタがありますので,これらの半導体デバイスの構造と動作原理について以下に説明することにします.

8.5.2 p–n 接合ダイオード

p–n 接合ダイオードは整流作用を持つ半導体デバイスで,電流 I–電圧 V

特性は，図 8.13(a) に示す通りです．図 (b) と (c) に p–n 接合の端子に加える電圧の正負を示しました．図 (b) に示すように p 側を n 側に対して正にした場合が順バイアスで，I–V 特性を示す図 (a) では電圧 V の正 (右) 側になります．そして，図 (c) に示す p 側を n 側に対して負にした場合が逆バイアスで，I–V 特性を示す図 (a) では電圧 V の負 (左) 側に対応します．

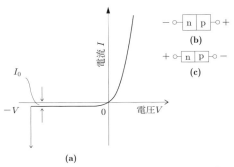

図 **8.13** p–n 接合ダイオードの電流 I-電圧 V 特性

　p–n 接合では p 側の端子に正電圧を加えた順バイアスで，図 8.13(a) に示すように電流が流れ，p 側の端子に負電圧を加えた逆バイアスでは電流はほとんど流れません．しかし，実際には逆バイアスで流れる電流は全くのゼロではなく，図 8.13(a) に示すように，わずかですが飽和電流 I_0 が流れます．

　通常は以上のように順バイアスで電流が流れ，逆バイアスで電流が流れないのが p–n 接合ダイオードの正常な動作です．しかし，図 (a) に示すように，極端に大きな負電圧の逆バイアスを加えると接合の機能が破壊されて p–n 接合に大きな逆方向電流が流れます．しかし，この破壊は可逆的な現象です．

　p–n 接合ダイオードの電流 I–電圧 V 特性は簡単には次の式で表されます．

$$I = I_0 \left(e^{qV_F/k_B T} - 1 \right) \tag{8.9}$$

この式 (8.9) で I_0 は飽和電流と呼ばれるもので，これは良質のダイオードでは，図 8.13(a) において逆バイアス $-V$ でわずかに流れる電流に相当します．また，式 (8.9) の V_F は p–n 接合に加える順バイアス電圧です．

　8.4.1 項において p–n 接合の動作原理の基本は内部電位 ϕ_{bi} であると説明しました．しかし，式 (8.9) には内部電位はどこにも見当たりません．このため初学者の中には，動作原理のような重要なものが I–V 特性の式に現れないことに不審を持たれることがあるようです．この点について簡単に説明しておきますと，次のようになります．

　内部電位 ϕ_{bi} は p–n 接合においてキャリア (伝導電子または正孔) の移動を止める働きをするものなので，いわば電流が流れないオフ状態を支配しているものです．だから，キャリアが移動できなくて電流が流れない状態の p–n 接合を電流

が流れるようにするには，オフ状態を解除して順方向に電圧 (順バイアス)V_F を加えるだけで十分なのです．なぜなら，V_F を加えることによって接合の障壁は ϕ_{bi} から $\phi_{bi} - V_F$ へと下がるからです．

また，I_0 は良質のダイオードの飽和電流としましたが，逆方向電流が飽和して一定になるのは，良品のダイオードで逆方向電圧があまり大きくない場合です．接合近傍に高密度の深い準位が存在するような不良品では空乏層内で生成電流が大量に発生し，逆方向電流は飽和電流 I_0 よりずっと大きくなります．また，ダイオードの良不良にかかわらず，接合に大きな負の逆方向電圧を加えると接合の機能が一時的に破壊され大量の逆方向電流が流れます．逆方向への大電流の流れは禁制帯の幅すなわちバンドギャップ E_g の値が小さいほど起こりやすく，E_g が大きい半導体ではこの現象は起こりにくくなります．

8.5.3 バイポーラ・トランジスタ

バイポーラ・トランジスタには p–n–p トランジスタと n–p–n トランジスタがあります．最初に開発されたのは p–n–p トランジスタでした．しかし，このトランジスタは on–off の応答速度 (スイッチング速度，動作速度) が遅かったために，間もなく動作速度のより速い n–p–n トランジスタが開発され，現在はこれが主流になっています．

p–n–p トランジスタでは動作速度に関わるキャリアが正孔で，n–p–n トランジスタは伝導電子です．そして，伝導電子の移動度 μ_e の方が正孔の移動度 μ_h より大きいために，伝導電子は正孔より移動速度が大きくなります．だから n–p–n トランジスタでは on–off 操作に対するスイッチング時間が短く，トランジスタの動作速度が速くなるのです．

バイポーラ・トランジスタの断面構造を n–p–n トランジスタの場合で示すと，図 8.14 に図示するようになります．n–p–n トランジスタを構成する 3 個の n, p, および n の領域は前から順に，エミッタ，ベース，コレクタと呼ばれ，これらに付けた電極端子は，たとえば，エミッタの場合は正しくはエミッタ電極端子と呼ばれるべきですが，普通はエミッタ端子とか単にエミッタと呼ばれます．本書でも通称の呼び方を適宜使うことにします．

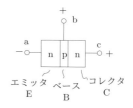

図 8.14 n–p–n バイポーラ・トランジスタの構造

トランジスタの動作する上で構造上極めて重要なことが 2 つありますので，こ

こで強調しておくことにします．まず各領域のキャリア密度はエミッタ領域で高く，ベース領域ではかなり低く，そしてコレクタ領域もエミッタ領域に比べると低いということです．もう一つは，ベース領域の幅すなわち，ベース幅が極めて狭く薄いということです．トランジスタではこれらの条件を充たすことが必須で，n–p–n トランジスタでも p–n–p トランジスタでも，この二つの条件を充たすように製造されます．

n–p–n トランジスタの動作メカニズムについては 8.4.2 項で物理的な説明をしましたので，これについての詳しい説明は繰り返しませんが，8.4.2 項ではトランジスタの構造に関連しては説明していないので，エミッタ，ベース，コレクタの役割を含めてここでも簡単にトランジスタ動作について再度説明しておくことにします．

n–p–n トランジスタの動作状態では，図 8.14 に示すように，エミッタ端子をベース端子に対して負，コレクタ端子をエミッタ端子に対して正になるように，各端子電極に電圧を加えます．すると，n 形のエミッタ (領域) から p 形のベース (領域) へ伝導電子が流れ込みます (注入されるという)．ベース領域へ注入された伝導電子は，ベース領域で正孔密度が低く，ベース幅が狭い ($1[\mu m]$ 以下) ために容易にベース–コレクタ接合に到達します．

なぜかといいますと，ベース領域は p 形ですが，正孔密度 p が低くベース幅が狭いために，伝導電子はここで正孔とほとんど再結合することなく，ベース領域を拡散してベース–コレクタ接合に到達できます．この接合に到達した伝導電子はコレクタ端子の正の電圧 (による電界) に強く引き付けられ，コレクタ端子に到達します．この結果，コレクタ端子からエミッタ端子へ電流が流れ，トランジスタが動作します．

しかし，ベース端子が開放かまたはエミッタ端子に対して 0 または負電位の場合には，エミッタ–ベース接合は順バイアスになりませんので，エミッタからベースへの伝導電子の注入は起こりません．したがって，この条件では，この n–p–n トランジスタは動作しない停止状態になります．以上が n–p–n トランジスタ動作の簡単な説明です．

バイポーラ・トランジスタの代表的な電流 I–電圧 V 特性を描くと図 8.15 に示すようになります．すなわち，図 8.15 では横軸にエミッタ–コレクタ間に加える電圧 V_{CE} をとり，ベース電流 I_B をパラメータにして，V_{CE} 電圧の変化に対する (エミッタ–コレクタ間を流れる) コレクタ電流 I_C を縦軸にとって示しています．この電流–電圧特性ではベース電流が数十から数百 $[\mu A]$ に対してコレクタ電

流が数十 [mA] と大きいことに注意する必要があります．

このようにトランジスタの I–V 特性はコレクタ電流に対して，ベース電流が非常に小さいのが特徴で，この特徴がトランジスタ作用に有効に応用されています．すなわち，トランジスタでは，ベース電極に信号 (電流) が入力され，コレクタ電極から信号の出力 (電流) が取り出されます．つまり，小さい信号電流が大きな信号電流として取り出されます．だから，トランジスタでは信号の増幅を行うことができるのです．このためトランジスタは増幅作用を持つ半導体デバイスと呼ばれます．トランジスタは，ここでは説明は省略しますが，増幅作用のほかにスイッチング作用や検波作用などもあります．

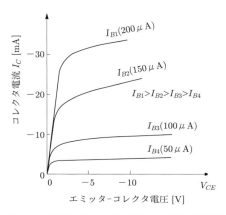

図 8.15 バイポーラ・トランジスタの電流 I–電圧 V 特性

最後に，バイポーラ・トランジスタは p–n 接合ダイオードと共に少数キャリアデバイスと呼ばれますが，このことは非常に重要なので，これについて，ここで簡単に説明しておきます．n–p–n バイポーラ・トランジスタの動作の箇所でエミッタに対して述べたように，このトランジスタの動作では p 領域にベース電極を付けてここをエミッタに対してプラス電位にしないとエミッタ–ベース接合が順バイアスにはなりませんので，トランジスタは動作しません．

すなわち，ベース電極からエミッタ領域へベース電流を流し，エミッタ–ベース接合を順バイアスにして，エミッタからベースへ電子 (ベース領域では少数キャリア) を注入しなければ n–p–n トランジスタは動作を始めないのです．つまり，少数キャリアがバイポーラ・トランジスタの，いわば起爆剤になっています．

n–p–n トランジスタでは，エミッタとコレクタを流れる主な (大きな) 電流は伝導電子によるもので多数キャリアによる電流です．また，ベースからエミッタへ注入されるベース電流のキャリアの正孔もベース領域では多数キャリアです．バイポーラ・トランジスタでは先に述べたように少数キャリアが重要な働きをしますので，少数キャリアデバイスと呼ばれています．しかし，多数キャリアの働きも重要なので，このトランジスタでは正負の2つのキャリア (バイポーラ) が作用

しています。このためにバイポーラ・トランジスタとよばれているのです．

8.5.4 MOS トランジスタ
▶**MOS トランジスタは MOS 構造の電界効果を利用したデバイス**

MOS トランジスタは MOS 構造の電界効果を利用したトランジスタです．このためこのトランジスタの正式の名称は MOS 電界効果トランジスタですが，ここでは慣例に従って MOS トランジスタと呼ぶことにします．

最初にこのトランジスタの構造と動作原理を図 8.16 に示す MOS トランジスタを使って簡単に説明することにします．MOS トランジスタにはいろいろな種類のものがありますが，ここでは代表的なものとして (ゲート下に伝導電子 n を集め，ここにキャリアや電流の通路の n 形のチャネルを作る) n チャネル MOS トランジスタをとり上げ，これを使って説明することにします．現在主に使われている CMOS トランジスタについては最後に少しだけふれます．

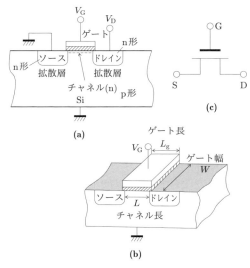

図 **8.16** MOS トランジスタの構造と動作

まず，MOS トランジスタの立体構造は図 8.16(b) に示すようになり，デバイスの断面構造は図 (a) に示すようになります．n チャネル MOS トランジスタでは基板の半導体として p 形の半導体が使われ，MOS ダイオードの両側に n 形の (不純物を高温で拡散させて作った) 拡散層が備えられます．図 8.16 に示すよう

に，これらの拡散層はソースおよびドレインと呼ばれ，ソース拡散層は接地され，ドレイン拡散層にはドレイン電極が付けられます．そして，ソースとドレインの間のゲート電極の付いた箇所はゲートと呼ばれます．

　ゲート下の p 形半導体の表面部分はチャネル (領域) と呼ばれ，この領域に形成される反転層の伝導型が n 形の場合は n チャネルと呼ばれます．基板の半導体が n 形の場合には反転層は p 形になるので，p チャネルができます．n チャネル MOS トランジスタでは，もちろんゲート下に n チャネルが形成されます．ゲート，ソース，ドレインにそれぞれ G, S, D で表した MOS トランジスタの記号も参考のために図 8.16(c) に示しておきました．

　次に MOS トランジスタの動作では，MOS ダイオードの反転 (が起こること) がチャネルの形成される条件ですので，これが重要になります．MOS トランジスタでは反転が起こるゲート電圧は (反転) しきい値電圧 V_{th} と呼ばれます．この状態のゲート電圧がこのように呼ばれる理由は，ゲート電圧 V_G がしきい値電圧 V_{th} より大きければチャネルが形成されて電流が流れ，小さければチャネルが形成されないで電流が流れないからです．すなわち，しきい値電圧 V_{th} は，ゲート下のチャネルに電流が流れて MOS トランジスタが動作するか，しないかの敷居 (境) を作っているのです．

　n チャネル MOS トランジスタの動作状態はソースからドレインへ伝導電子が移動して，ドレインからソースへ電流が流れる状態です．この状態を起こさせるには，図 8.16(a) においてソース端子を接地し，ドレイン電圧 V_D を正 ($V_D > 0$) の状態にしておいてゲート電圧 V_G (の大きさ) をしきい値 V_{th} 以上 ($V_G \geq V_{TH}$) にし，ゲート下の半導体表面の伝導型を p 形から n 形に反転させ，ここに n チャネルを形成させることです．

　ゲート下に n チャネルが形成されると，ソースとドレインの間が n 形半導体でつながります．すると，ドレイン電圧が正ですのでソース領域の伝導電子がドレイン電界に引き付けられてドレイン側に移動し，ドレインからソースへ電流が流れ始めます．こうして MOS トランジスタは動作を始めます．この状態は MOS トランジスタの 'on' 状態ともいわれます．なお，n チャネル MOS トランジスタの場合には伝導電子は多数キャリアですので，MOS トランジスタは多数キャリアデバイスと呼ばれます．

　ゲート電圧 V_G がしきい値 V_{TH} 以下 ($V_G < V_{TH}$) であれば，n チャネルは発生しませんので，ソース領域とドレイン領域は p 形半導体の部分で遮られています．だから，ドレイン電圧が正 ($V_D > 0$) の状態であってもキャリア (伝導電子)

8.5 半導体デバイス

はソースからドレインへ移動できず，ドレインとソースの間は電流の流れない絶縁状態になります．この状態はMOSトランジスタの停止状態で，'off' 状態とも呼ばれます．

MOSトランジスタの電流 I–電圧 V 特性は図8.17に示すようになります．この図8.17では，横軸のドレイン電圧 V_D に対して縦軸にドレイン電流 I_D が，ゲート電圧 V_G をパラメータとして表されています．各ゲート電圧間の (値の) 大小関係は $V_{G1} > V_{G2} > V_{G3}$，および $V_G < V_{th}$ となっています．だから，ゲート電圧 V_G がしきい値電圧 V_{th} 以下ではドレイン電流 I_D は流れないで，しきい値電圧 V_{th} 以上のときだけ流れます．

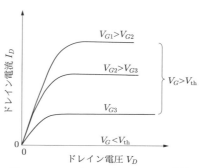

図 8.17 MOSトランジスタの I–V 特性

そして，流れるドレイン電流 I_D の大きさはゲート電圧 V_G が大きいほど大きくなることがわかります．現在，実用的にはCMOSトランジスタ (以下CMOSと略) とよばれるn–MOSトランジスタとp–MOSトランジスタで構成されるMOSトランジスタが主に使われています．これは，現在使われている半導体デバイスは (何千万個以上もの) 多くのトランジスタを集積したLSIですので，LSIの消費電力を抑えるにはLSIを構成する個々のトランジスタの消費電力が少しでも小さいことが重要ですが，CMOSは電力消費が少ないのです．

CMOSではn–MOSが動作 (on) しているときにはp–MOSが停止 (off) し，p–MOSが動作しているときにはn–MOSが停止します．すなわち，CMOSでは動作に使われる電荷が二つのトランジスタの間を往復するだけですので，動作時に電流が流れて失われるpチャネルやnチャネルMOSトランジスタなどに比べ消費電力が格段に少なくなります．しかし，消費電力はゼロではなく，信号を切り換えるときに電流が少し流れて失われますので，このときに流れる電流によってCMOSにおいても少量の電力は消費されます．

▶**表面準位という局在準位がMOSトランジスタの実用化を遅らせた！**

現在では70年近い遠い昔の話になりますが，第二次世界大戦では航空機が大活躍しました．このためもあって，それ以降航空機の需要が急速に高まりました．航空機は一般には機械製品だと思われていますが，実際は情報交換，運航操作な

どのために多くの電子装置が必要で，航空機は電子装置の塊です．航空機は空を飛ぶので軽量が必須ですが，当時は電子装置がすべて真空管で作られていたので，電子装置の体積も重量も共に大きくなり航空機技術者の頭を悩ませていました．

このため，真空管の機能を持つデバイスを，半導体を使って作る (これは真空管の固体化と呼ばれた) ことのニーズが高まっていて，電子技術の研究者たちは半導体デバイス，ことにトランジスタの開発に精力を注いでいました．このとき，実は形状のシンプルな MOS トランジスタの開発が最もやりやすいと，多くの研究者が注目して研究しました．しかし，以下に説明する二つの困難な障害の存在のために，この目論見は外れ MOS トランジスタの最初の開発は挫折してしまった苦い歴史があります．

MOS トランジスタの開発を難しくした二つの困難な障害とは，図 8.18 に示す酸化膜および酸化膜と半導体 (Si) の界面に存在する電荷並びに深い準位でした．まず，障害になった電荷は酸化膜 (SiO_2) の中に混入したナトリウムイオン Na^+ でした．混入したナトリウムイオンは非常に微量でしたが正電荷を持つので，正電荷自体がデバイスに影響を与え，デバイス特性を狂わすと共に，Na^+ は酸化膜の中でその位置を移動できるので，Na^+ 電荷の位置の変化によって MOS デバイスへの影響が変化し，MOS デバイスの動作を狂わせてしまったのです．

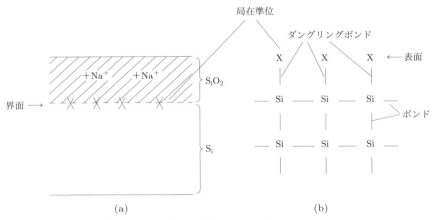

図 8.18　MOS 構造に含まれる有害な電荷と準位

こうした酸化膜中の余分の電荷が存在すると，ごく微量であっても結局は MOS デバイスの正常な動作が妨げられることになり，MOS トランジスタの開発では大

きな障害になりました．すでに説明したように，その後半導体デバイスの製造工程から，Naを含むアルカリ汚染不純物がほぼ完全に除去され，酸化膜中のNa^+の問題は解決するのですが，これには長い時間がかかったのでした．

もう一つの大きな原因は，図8.18(a)に示す酸化膜(SiO_2)と半導体(Si)の界面に存在する電荷と(エネルギー)準位でした．これは一種の局在準位で表面準位と呼ばれるようになるものですが，電荷を持った深い準位でした．この表面準位の生成原因は結晶の表面の特殊性にあります．Si半導体の結晶の内部では，図8.18(b)に示すように，各Si原子が結合手でもってお互いに結合し合っています．

しかし，表面では結合する相手のSi原子が存在しないので，Si原子の結合手は表面では結合相手のない宙ブラリンのままになります．こうした結合相手のない結合手はダングリングボンドと呼ばれます．ダングリングボンドは禁制帯の中に局在準位(表面準位)を作り深い準位として働きます．こうした禁制帯の深い準位はキャリアの捕獲センターや電子と正孔の再結合センターとして働くので，デバイスの動作には極めて有害です．

したがって，もしも，こうした表面準位がゲート下の半導体の表面に高密度に存在すると，表面に集まってきたキャリアが表面準位に捕獲されて密度が減少し，表面で反転層ができなくなる故障が起こるのです．この故障が起こるとゲート電圧の操作によってチャネルの形成ができなくなり，MOSトランジスタが正常に働かないことを示しているので，表面準位の存在はMOSトランジスタの動作にとっては致命的な大きな障害でした．

この酸化膜–半導体の界面に存在する表面準位の問題はMOSトランジスタの開発に大きな障害になりました．最初は，ここで説明したような不良原因がわからなったのです．世界中の半導体研究者が必死の原因究明を行い，約10年後には解決するのですが，トランジスタの創生期に短期間で解決できるような安易な代物(課題)ではなかったのです．この困難な問題の存在のために，MOSトランジスタの開発は当初は諦められ，代わってp–n–pやn–p–nのバイポーラ・トランジスタがまず開発されたのでした．

8.6 そのほかの半導体デバイス

前節の8.5節では省略しましたが，半導体デバイスが開発された当初から使われていて，よく知られたものに8.5節で説明したデバイスのほかにショットキーバリア・ダイオードと，その後発明されたトンネルダイオードがあります．ショッ

トキー・ダイオードは 8.3.2 項で説明したショットキー・バリアを利用した整流作用を持ったデバイスです.

ショットキー・ダイオードは多数キャリアだけで動作する多数キャリアデバイスで，少数キャリアデバイスの p-n 接合ダイオードに比べて高速応答が可能なのでスイッチングデバイスとしても重要です. また，トンネルダイオードは発明者に因んでエサキ・ダイオードとも呼ばれます. エサキ・ダイオードは電子の量子力学的なトンネル現象を利用したダイオードで，その特異な性質から発信作用や増幅作用を持つデバイスとして使われています.

最近では産業界や家庭で膨大な数の記録用や論理 (計算) 用の多くのトランジスタが集積された LSI が使われています. これらの LSI が MOS 形のデバイスで作られている関係で，産業界や家庭などで現在使われている最も数の多い半導体デバイスは MOS 形のデバイスのようです. MOS 形はより一般的には MOS の O を I に変えた MIS 形と呼ばれます. I は Insulator のかしら文字で絶縁物を表しているので，MIS 形では金属と半導体でサンドイッチする絶縁物として酸化膜以外の物質も使われています.

さらに最近では電気エネルギーを生み出すデバイスとして世間の注目を浴びている太陽電池や照明などに使われる青色発光ダイオードなどの発光ダイオードも半導体デバイスです. 光を発生させる半導体デバイスには光通信に使われるものがありますが，このデバイスには半導体レーザが使われており，レーザダイオード (LD) と呼ばれています.

演 習 問 題

8.1 半導体の製造現場では，作業員は半導体材料を絶対に素手で触れてはならないという厳しい規則がある. なぜこのような規則が決められたか？

8.2 ある半導体において伝導電子の密度 n が正孔の密度 p の 2 倍であるという. この半導体のフェルミ準位 E_F はエネルギーバンドの中でどこになるか？ 電子のエネルギー $\mathcal{E}$ は図 8.1(b) のようにとるものとせよ.

8.3 p-n 接合ダイオードの動作について，図 M8.1(a) に示すように p 側を n 側に対して正電位にすれば，正電荷の正孔 h^+ は右へ押され，負電荷の伝導電子 e^- は左へ押されて移動するので，p 側から n 側へ電流が流れる. 一方, (b) に示すように, p 側を n 側に対して負にすると，正孔 h^+ は左方向へ，伝導電子 e^- は右方向へと，お互いに逆方向へ移動するので，p-n 接合には電流は流れない，という p-n 接合の動作説明が昔からある. しかし，この説明は俗説で，あまりよくないといわれる.

なぜか？

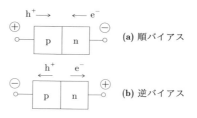

e⁻: 伝導電子, h⁺: 正孔

図 **M8.1** p–n 接合ダイオード

8.4 図 M8.2 に示すような，p–n–p バイポーラ・トランジスタがある．このトランジスタの動作について内部電位 ϕ_{bi} を使って説明せよ．

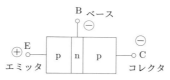

図 **M8.2** p–n–p トランジスタ

8.5 p–n 接合ダイオードと MOS ダイオードの違いについて説明せよ．

8.6 MOS トランジスタではゲート電圧 V_G を変えるとドレイン電流 I_d が変化するが，これはなぜか？

Chapter 9

磁性と誘電体

磁気は電気と共に電磁気学の構成要素で物性学でも重要な分野です．また，多くの絶縁物は誘電体でもあり，誘電体の知見は物質の性質を知る上で不可欠なものです．まず，磁性については磁気の発生原因について考察し，物質の磁性の元である磁気モーメント，スピン，および磁区などを説明し，強磁性の発生原因や磁性材料について学びます．誘電体では磁性と誘電性の対応関係を点検したあと，誘電体で重要な分極現象を中心に誘電体の性質を説明していきます．最後に強誘電体についても触れることにします．

9.1 磁　　　性

9.1.1 磁気の発生原因

▶電子の運動が磁気の源

むかしギリシャにおいて鉄がある種の石を引き付けることが偶然発見され，磁石の存在が明らかになったといわれています．そして，磁石から発生するものが磁気とされてきました．こうした磁気の誕生の経緯もあって，磁気は電気とは別物であると長年考えられてきました．

ところが，1819年に至ってエルステッドが導線の近くにおいてあった磁針の方向が，導線に電流を流すとその向きが変わることを偶然発見して，事態は大きく変わりました．すなわち，このエルステッドの発見によって磁気が電気と別物という考えには疑問が生じました．

この科学的大事件のニュースに接したアンペールは直ちに真偽の確認実験を行い，磁気 (磁力線) が電流から発生 (図 9.1(a) 参照) し，電流の周囲に磁力線が作る場である磁界 (又は磁場) が発生することを発見しました．このアンペールの実験によって磁気と電気とは深い関係があることがわかってきたのでした．

その後原子の構造が解明されて，磁石の磁気についても量子論の観点で詳しく検討されました．その結果，磁気の原因が電子の磁気モーメントに由来することが明らかになってきました．磁気モーメントは，図 9.1(b) に示す，主に電子の自転運動に基づくものです．電子や陽子の自転運動はスピンですから，磁気モーメ

9.1 磁　　　性

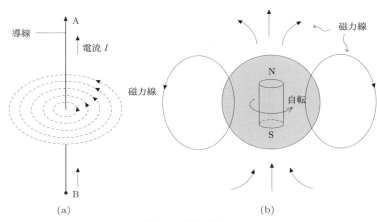

図 9.1　磁気の源

ントはスピンによるものだということになります．ただ，スピンのほかに軌道運動も磁気モーメントを持っています．しかし，主な磁気モーメントの源はスピンですので，磁石の磁気の源は，第一義的には電子のスピンということになります．なお，スピンは量子力学的な存在で，古典物理学で使われる自転運動ととらえる考えは正しくないとされますが，ここではわかりやすさを優先させて，自転運動ということにしておきます．

▶スピンは磁区を作る

物質は原子でできており原子には電子がありますので，すべての物質はスピンを持っています．だから，多くの物質が，実際に磁気を示すかどうかは別にして，何らかの磁性を持っています．このため後で示すように，磁性を持っている物質は結構たくさんあります．そして，磁性には常磁性，反磁性，反強磁性，フェリ磁性，および強磁性があります．

これらの磁性の中で実際に意味のある磁気を示す物質の磁性は，強磁性とフェリ磁性だけです．この一見不思議な話の謎を解く鍵は自発磁気と磁区にあります．実はスピンの向きが揃うと磁気モーメントが揃い，実際に磁気を示すようになるのですが，物質のスピンに基づく磁気モーメントは一般には熱運動のためにランダムにあらゆる方向を向いています．しかし，強磁性体の磁気モーメントでは，図 9.2(b) に示すように，その向きが一つの方向に自然に揃う自発磁化（または自発磁気）と呼ばれる現象が起こります．このあと説明するように，自発磁気を持つ磁性は磁気を示しますが，この性質を持たない磁性は磁気を示さないのです．

本書ではスピンに基づく磁気モーメントは，図 9.2(a) に示すように細い矢印で表し，揃った磁気モーメントの集まりは図 9.2(c) に示すように，矢印付きの太線，またはこれを枠で囲ったもので表すことにします．こうした向きの揃った磁気モーメントの集まった区域は

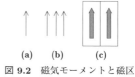

図 9.2　磁気モーメントと磁区

磁区と呼ばれます．磁区に集まっているスピンは比較的少数ですので，磁性材料は多くの磁区の集団でできています．そして，磁気モーメントは各磁区の中では同じ向きに揃っていますが，個々の磁区の磁気モーメントの向きは外部磁界を加えなければ，個別の磁気モーメントと同じように，一般にいろいろな方向を向いています．

以上の説明からわかるように，磁気は電流 (から発生する磁力線) による場合も，スピンに基づく自発磁気による場合も，磁気の源は電子の運動に基づいていることがわかります．電子は電荷を持っていますので，磁気は電荷が動くことによって生じる動的な電気現象ということになります．

9.1.2　磁界，磁束密度，および磁化

磁性では磁界 H，磁束密度 B (磁気誘導と呼ばれることもある)，および磁化 M が重要です．物質に磁界を加えると物質が磁気を帯びる現象は磁化 M と呼ばれますので，物質の磁性では磁化 M は重要です．磁界は理学系では磁場と呼ばれます．記号としてはいずれの場合にも H が使われます．しかし，理学系で多いのですが，磁場の意味にも記号 B が使われることがあります．こうした場合には文章の前後の関係から，記号 B が磁束密度か磁場かを区別する必要があります．

まず，磁束密度 B は磁束の密度ですので，磁束を Φ として磁束の面積を S とすると，磁束密度 B は $B = \Phi/S$ となります．なお，磁束 Φ は磁力線の束です．そして，磁束密度 B は真空の透磁率を μ_0 とすると，磁界 H との間には単位にテスラ T を使って，次の関係が成立します．

$$B = \mu_0 H [\mathrm{T}] \tag{9.1}$$

なお，空気の透磁率は真空の透磁率とほぼ同じで，一般には μ_0 が使われています．一般の物質の透磁率を μ で表すことにしますと，物質中の磁束密度 B は，この μ を使って次の式で表されます．

9.1 磁性

$$B = \mu H \,[\text{T}] \tag{9.2}$$

物質に磁界 H を加えたときの物質中の磁束密度 B は，真空における磁束密度の $\mu_0 H$ に，物質に新たに生じる磁化の成分 $\mu_0 M$ が加わるので，磁束密度 B は次の式によっても表されるはずです．

$$B = \mu_0 H + \mu_0 M = \mu_0 (H + M) \,[\text{T}] \tag{9.3}$$

式 (9.2) と式 (9.3) は当然等しいので，二つの関係式を使うと，次の関係式が得られます．

$$\mu H = \mu_0 (H + M) \,[\text{T}] \tag{9.4a}$$

$$\mu_r = \frac{\mu}{\mu_0} = \left(1 + \frac{M}{H}\right) \tag{9.4b}$$

$$= (1 + \chi) \tag{9.4c}$$

これらの式において μ_r は比透磁率，χ は磁化率 (または帯磁率) と呼ばれるものです．

9.1.3 反磁性と常磁性

▶電子の軌道運動も磁気の原因になる

これまで物質の磁性は電子スピンの磁気モーメントによるとしてきましたが，厳密には電子のスピンだけが磁気の原因ではありません．電子は軌道運動していますので，軌道運動による磁気モーメントによっても磁気が発生しています．また，陽子もスピンを持ちます (しかし効果は小さい) ので，厳密に言うと，磁性は電子と原子核の磁気モーメントによると言えます．

磁性の主な原因は電子の運動ですので，ここでは，電子の運動に限って話を進めることにします．磁気には軌道運動とスピンの両方による磁性が働きますので物質に外部から磁界を加えると，軌道運動する電子に対してはレンツの法則により外部磁界を打ち消す方向にローレンツ力がはたらき，外部磁界とは逆向きの磁化が発生します．これは，軌道電子が磁界を加えられる前の軌道運動を維持しようとするからです．この現象の原因は，電磁気学のレンツの法則 (電磁誘導の法則の一部) によって，ある種の慣性の法則が働くからであると解釈できます．

これに対して，スピン磁気モーメントによる磁界に対しては外部磁界と同じ向きの磁界が働きます．しかし，この効果はいずれの場合も大きくはありません．なぜかといいますと，自発磁気を持たない物質では外部磁界を加えた状態においても，熱運動によってスピンの向きは乱れ，平均すると磁気モーメントは一定の

方向に向かないからです．

また，大抵の物質中の電子はパウリの排他律に従って配列していますので，軌道運動による磁界もスピンによる磁気モーメントも，隣り合わせの電子の間では磁気モーメントの向きがお互いに逆向きになっています．逆向きになっている磁気モーメントはお互いに磁界を打ち消し合っているので，普通の物質はほとんど磁性を示しません．

しかし，例外的に不完全殻の電子を持つ鉄族原子の $3d$ 電子と，希土類元素の $4f$ 電子がスピンによる磁気モーメントを持ち磁性を示します．これらの磁性が強磁性体やフェリ磁性体の磁性の原因になっています．

▶ 反磁性

一般の物質はほとんど磁性を示さないのですが，磁性が全くゼロかというと，そうではなく極めて弱い磁性を示します．ある種の物質の場合には軌道電子による，外部磁界に対して逆向きの磁化が生じます．すなわち，反磁性の性質が現れます．こうした物質は反磁性体と呼ばれます．これらの反磁性体の場合には式 (9.4c) に示した帯磁率 χ の値は負になりますが，χ の値は極めて小さく 10^{-5} のオーダーです．ですから，上記の式 (9.4c) にしたがって，比透磁率 μ_r は 1 よりわずかに小さい値になります．反磁性体物質には Bi, Cu, Ag, Au などがあります．

▶ 常磁性

各軌道が完全に電子で充たされている閉殻原子ではスピンによる磁気モーメントは上向きスピンと下向きスピンが同数で互いに打消し合うので 0 ですが，閉殻でない元素で構成される物質では，鉄族系以外の物質でもわずかに磁性を持ちます．固体物質の中にはスピンに基づく多

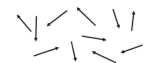

図 9.3 常磁性と磁気モーメントの分布

くの磁気モーメントが存在しますが，これらの磁気モーメントの向きは自由に変化できます．このため，各磁気モーメントは熱運動によって，図 9.3 に示すように，ランダムにいろいろな方向を持って分布しています．

外部磁界が加わると外部磁界の方向と一致する方向を向く磁気モーメントが多いのですが，スピンの熱運動の効果でその方向は乱れたままで，全体を平均すると磁界の方向は外部磁界の方向に揃いません．こうした物質の磁性を帯磁率 χ で見ると，χ の値は小さく $10^{-3} \sim 10^{-5}$ の程度です．この種の物質は常磁性体と呼ばれます．常磁性体の比透磁率 μ_r は式 (9.4c) に従って 1 よりわずかに大きい値

になります．常磁性体には Al, Cr, Mn などの固体や空気，O_2, NO などの気体分子があります．

9.1.4 自発磁化に基づく強磁性，反強磁性，およびフェリ磁性
▶ワイス磁化と交換相互作用

　スピンによる磁気モーメントは熱運動によっていろいろな方向をとる筈だから，外部磁界によって強い磁性を示す強磁性体が存在することは長い間謎でした．なぜかといいますと，熱運動を考えると磁気モーメントの方向はランダムで平均すると一定の方向にはならないはずです．にもかかわらず，強磁性体は大きな磁化を示します．この強磁性体の大きな磁化はすべての磁気モーメントが一方向に揃っていると考えないと説明がつかないのです．この謎に挑戦して解決の糸口になるアイデアを提案したのはワイス (Weiss) でした．

　ワイスは強磁性に適用する磁化の式として，常磁性の項に新しい1項を加えることを提案しました．ワイスの提案した新しい項はワイス磁化と呼ばれます．ワイス磁化の理論的な根拠は，その後，ハイゼンベルク (W. Heisenberg, 1901～1976) が量子力学を使って詳しく検討し，磁気モーメントの揃う原因が次に示す交換相互作用であることを明らかにしました．

　すなわちハイゼンベルクの検討によって，磁性を示す物質の，たとえば，鉄においては隣接する二つの鉄イオンが相互に作用しあうことがわかったのです．つまり，隣り合う二つの磁性イオン i と j のスピンをそれぞれ S_i, S_j とすると，これらの二つの磁性イオンの間には，お互いのスピン S_i と S_j が平行または反平行になろうとするような相互作用が働くことがわかったのです．

　この相互作用のエネルギーを U_{ij} とすると，U_{ij} は次の式で表されることがハイゼンベルクによって発見されました．

$$U_{ij} = -2J_{ex}S_iS_j [\text{J}] \tag{9.5}$$

このため，この式 (9.5) はハイゼンベルク模型と呼ばれます．

　この式 (9.5) で表されるスピン間の相互作用は交換相互作用と呼ばれています．この式 (9.5) の J_{ex} は量子力学的静電相互作用に基づくエネルギーで，交換積分を表しています．交換相互作用エネルギー U_{ij} の値を k_BT で見積もると $10^3[\text{K}]$ 程度の熱エネルギーに相当します．だから，交換相互作用エネルギー U_{ij} は，通常の温度では影響を受けない強力なエネルギーです．このために強磁性体では少々の熱運動が存在しても，隣り合わせの二つのスピンが一つ方向に揃う理由が納得

できます.

▶ **自発磁化は交換相互作用に基づいている**

式 (9.5) で表される交換相互作用エネルギー U_{ij} は J_{ex} の正負によって次のようになります. $J_{ex} > 0$ の場合:S_i と S_j が同じ方向を向くときエネルギーの値が小さくなり,系は安定する. $J_{ex} < 0$ の場合:S_i と S_j が互いに反対方向を向くときエネルギーが小さくなり,系は安定する.

強磁性体では $J_{ex} > 0$ の状態であり,図 9.4(a) に示すように,スピン S_i とスピン S_j は大きさが同じであり,磁気モーメントが揃っています. だから,このとき物質には強い磁化が生じます. このように磁性イオン間に働く相互作用によって物質が磁化する現象が先ほど述べた自発磁化と呼ばれる現象です. ですから,自発磁化の現象は強磁性体やこの後述べるフェリ磁性体で特徴的に起こる現象です.

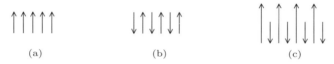

図 **9.4** 強磁性 (a),反強磁性 (b),フェリ磁性 (c) の磁気モーメントの配列の仕方

一方,交換積分の値が負,すなわち,$J_{ex} < 0$ の場合にはスピンの向きが,図 9.4(b) や (c) に示すように,隣り合せのスピンが反平行になったときに安定状態になります. そして,スピン S_i と S_j の磁気モーメントが,図 9.4(b) に示すようにすべて同じ大きさのときには,スピンによる磁気の効果はお互いに打ち消されて,磁化は発生しません. このような物質は反強磁性体と言われます. この物質ではスピンが秩序状態を保っているので,反強磁性は秩序状態を持った反磁性状態を示していることがわかります.

交換積分が負,すなわち,$J_{ex} < 0$ のときでも,図 9.4(c) に示すように,隣り合せの磁性イオンの間でスピンの磁気モーメントの大きさに差がある場合には事情が異なります. すなわち,この場合にはスピン S_i と S_j の大きさの差が自発磁化として外部に現れます. このようにしてスピン (磁気モーメント) の大きさの差によって現れる磁性はフェリ磁性と呼ばれます. スピネル (spinel) と呼ばれるある種の酸化物はこのような磁性を持つので,フェリ磁性体と呼ばれています.

強磁性体で起こる自発磁化の現象は,その物質がおかれている温度によって変化します. すなわち,絶対零度ではすべてのスピンが同一方向を向いていますが,温度が絶対零度から上昇すると,熱エネルギーの影響を受けてスピンの向きが徐々

に乱れてきます．そして，ある一定の温度でスピンの方向は完全に乱れて交換相互作用による磁化が0になります．この温度が強磁性と常磁性の間に存在する転移温度になりますが，この温度は発見者に因んでキュリー温度 (Curie Point) と呼ばれます．キュリー温度は物質によって異なり (数100[K]) ますが，鉄，コバルトでは高く，それぞれ 1043[K], および 1400[K] です．

反強磁性体やフェリ磁性体にも転移温度がありますが，この転移温度も研究者の名前に因んでネール温度 (数十〜数百 [K]) と呼ばれます．ネール温度以上では磁性の秩序状態が破れて，反強磁性やフェリ磁性は常磁性の状態に転移します．

9.1.5 強磁性体のヒステリシス曲線と磁区
▶磁区の成長と回転によってヒステリシス曲線が生まれる

強磁性体では外部磁界が加わっていない状態でも一般に磁化が残っています．そして，外部磁界を加えたときの磁化の変化の様子は可逆的ではなく，物質がそれまでに受けた磁気的な経歴に依存します．すなわち，強磁性体の磁化現象には履歴効果が現れます．

強磁性体に磁界を加えると，図 9.5 に示すような磁化曲線が得られますが，この磁化曲線には履歴効果が現れていますので，この曲線はヒステリシス曲線と呼ばれます．ヒステリシス曲線では，図 9.5 に示すように，横軸に磁界 H を，縦軸

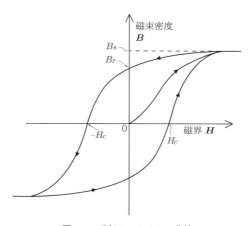

図 9.5　磁気ヒステリシス曲線

に磁束密度 B をとって，磁界 H に対する磁束密度 B の変化が表されます．

強磁性体に磁界 H を加えて B を 0 に (消磁) してから増加させていきますと，図 9.5 に示すように，最初は加えた磁界 H に対して大きな割合で磁束密度 B が増大し，強磁性体の磁化 M が急速に進みます．そのあと磁束密度 B は，加えた磁界 H に対して少しずつ増大し，ある値 B_s で飽和します．B_s は飽和磁束密度または飽和磁化と呼ばれます．

次に，加える磁界 H を減少させると磁束密度 B も減少します．しかし，図 9.5 に示すように，増大させたときと減少させたときでは磁化曲線は別の経路をたどり，加える磁界 H をゼロにしても磁束密度 B は，図 9.5 に示すように B_r となって磁束密度はゼロにはなりません．こうして残った磁束密度 B_r は残留磁束密度または残留磁化と呼ばれます．

逆方向の磁界 H を加え続けると磁束密度 B は減少しますが，減少したあと再び正方向の磁界 H を加えると，図 9.5 に示すように，磁束密度 B は元の飽和磁束密度 B_s まで増大します．このヒステリシス曲線において磁束密度 B がゼロのときの磁界の絶対値は H_c になりますが，この H_c は抗磁力と呼ばれます．図 9.5 において，上に説明したように磁界 H を加えると磁束密度 B が増大して磁化 M が大きくなっています．このことは式 (9.3) を使うと M が，次の式で表されるので納得できます．

$$M = \frac{B}{\mu_0} - H [\text{A/m}] \tag{9.6}$$

ヒステリシス曲線において磁化 M が増大する現象は，図 9.2 に示した磁区の成長と回転を考えると納得がいく説明が得られます．すなわち，図 9.5 では強磁性体に磁界 H を右方向に加える前の磁化 M はゼロですが，このとき強磁性体内では，図 9.6 の一番下図に示すように，各磁区の方向はいろいろ (ランダム) な方向を向いています．

磁区がランダムな方向を向いた状態の強磁性体の試料に外部から磁界 H を加えると，図 9.6 の中段に示すように，試料の中で外部磁界 H の方向と同じ方向を向く磁区の領域が増えます．すると磁性体の磁化 M が大きくなりますので，図 9.5 のヒステリシス曲線において磁束密度 B は増大します．

しかし，B の値がある程度の大きさになると，その後は磁束密度の増大率が低くなっていますが，これは，磁区の面積がある程度の大きさに成長すると (磁区の) 成長が止まるからです．さらに同じ方向を向く磁区が大きくなるには磁区の回転が必要です．しかし，磁区の回転には成長のとき以上のエネルギーが必要ですので，磁区の回転が始まると磁束密度 B の増大率が下がるのです．

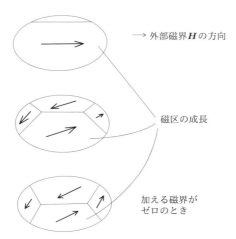

図 9.6 外部磁界による磁区の成長

9.1.6 磁性材料と応用

▶硬磁性材料と軟磁性材料

磁性材料は電気装置の重要な部品の製造に使われています．それらはトランス，モーター，発電機などに使われる電磁石と種々の目的で使われる永久磁石に大別できます．電磁石と永久磁石では磁性材料に対する要求が異なり，電磁石では，以下に説明する軟磁性材料が使われ，永久磁石には，同じく硬磁性材料が使われています．

トランスなどの電磁石では，周波数が50サイクルとか60サイクルの交流が使われますので，磁性材料では電磁石の使用中に磁束密度 B で表される磁化 M が磁化曲線のヒステリシスループを，毎秒50回ないし60回たどることになります．ヒステリシスループにそった磁化 M の変化では磁区の成長とか回転が起こりますが，このとき磁壁が移動しますのでエネルギーが消費されます．

だから，電磁石の材料ではこうしたエネルギー損失を少なくするために，図 9.7 に示す，磁化曲線の囲む面積ができるだけ小さい磁性材料が使われます．こうしたヒステリシスループの囲む面積が小さい磁性材料は軟磁性材料と呼ばれます．

また，加わる磁界が変動するとファラデーの電磁誘導の法則に従って磁性材料中に電流が発生します．これは渦電流と呼ばれるものですが，渦電流が流れると，やはりジュール熱が発生してエネルギーが消費されます．このエネルギーの消失を少なくするには流れる電流を小さくすることが有効なので，電気抵抗の高い磁

性材料が使われます.

一方,永久磁石では磁化された状態が,高い磁化の値のままで保たれる必要があります.だから,永久磁石には磁化曲線で現れる飽和磁化 B_s や残留磁化 B_r などが大きく,抗磁力 H_c も高い材料が望ましいことになります.このような磁性材料のヒステリシスループの囲む面積は,図 9.7 に示すように大きくなります.この種の磁性材料は硬磁性材料と呼ばれます.

軟磁性材料として広く用いられているものにはシリコン鉄があります.シリコン鉄はヒステリシスループが囲む面積が小さ

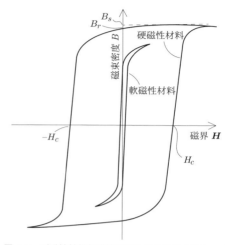

図 **9.7** 硬磁性材料軟磁性材料のヒステリシスループ

いだけでなく,鉄にシリコンが含まれているので電気抵抗が大きくなっていて,渦電流によるジュール熱のエネルギー損失も小さい利点もあります.

周波数の高い交流が使われる通信用の機器で用いられるトランスではパーマロイと呼ばれる鉄–ニッケル (Fe–Ni) 合金が使われます.周波数がさらに高く 10^6 以上の領域で用いられるトランスの材料にはフェリ磁性のフェライトが使われます.磁気テープなどにもフェライトが使われています.永久磁石に使われる硬磁性材料としては,組成が 14% Ni, 24% Co, 8% Al, 3% Cu, 51% Fe のアルニコ V と呼ばれる合金が使われています.

 誘　電　体

9.2.1 誘電性と磁性の対応関係

誘電体は一般には絶縁物とみなせる物質で,コンデンサや電気絶縁に応用されており,電気材料として実用的に重要なものです.誘電体では分極とか誘電率などが重要ですが,これらは巨視的には磁性体の磁化や透磁率と対応関係が見られます.

9.2 誘電体

表 9.1 誘電性と磁性の対応関係

誘電性	磁性
電荷 (電気量) Q, q	磁荷 (磁気量) Q_m, q_m
電界 E	磁界 H
(電気力線の密度)	(磁力線の密度)
電束密度 D	磁束密度 B
誘電率 ϵ	透磁率 μ
静電容量 C	インダクタンス L
分極 P	磁化 M
自発分極 (強誘電体)	自発磁化 (強磁性体)
電束の連続性	磁束の連続性
$(D = \epsilon_0 E + P)$	$(B = \mu_0 H + M)$

誘電体と磁性体の性質の対応関係を知ることは，物質の誘電性の理解の助けになると同時に，磁性の理解 (の確認) にも有益なので，表 9.1 に両者の対応関係を示しておくことにしました．この表 9.1 は見方によっては，電気と磁気の対応関係を表しているともいえます．

9.2.2 誘電分極

物質は原子でできており，原子は原子核と電子で構成されています．原子核には陽子と中性子がありますが，中性子は電気的に中性なので，電子と陽子だけに注目して原子内の電荷の分布を摸式的に描くと，図 9.8(a) に示すようになります．この状態の原子に左から右方向へ電界 E を加えると，正電荷の陽子は右へ，負電荷の電子は左へ位置がシフトするように電気力が働きます．だから，電界を加えた状態の電荷の分布は図 (b) に示すようになります．図 (b) はしばしばモデル化して図 (c) のように表されます．

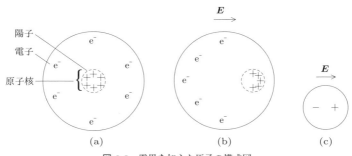

図 9.8 電界を加えた原子の模式図

以上のように原子に電界 E を加えると，原子に正負の二つの電荷で作られて双極子が生じ，原子は双極子モーメントを持つようになります．そして誘電体には

外部電界 E とは逆方向に電界が生じます．このような状態の原子は分極したと言われ，こうして起こる原子の分極現象は電子分極と呼ばれます．

分極現象は原子の集まった分子でも内部で原子が変位して分極が起こりますが，この場合の分極は原子分極と呼ばれます．分子の中には電界を加えていない状態でも双極子になっているものもありますが，こうした分子は有極分子とか極性分子と呼ばれます．

物質としての誘電体は極めて多数の原子で構成されているので，原子が規則的に配列しているとすると，誘電体物質に電界を加えたときの分極の状態は図 9.9(a),(b) に示すようになります．このとき，物質内部ではすべての原子は電子分極を起こして図 9.9(a) に示すようになりますが，物質の内部で分極した原子の間では，分極して生じた隣り同士の正負の電荷がお互いに打ち消し合い，内部では分極によって誘起された電荷が消えます．

その結果，分極を起こした後の誘電体の材料では表裏の表面にだけに分極電荷 (密度 σ_p と $-\sigma_p$) が残ります．そして，誘電体内では電界が少し弱まり，左から右方向に分極 (ベクトル)P が発生します．そし

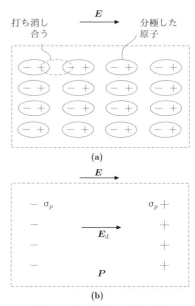

図 9.9 表面に現れる分極電荷

て，分極 P と分極電荷密度 σ_p の関係は，補足 9.1 に説明するように，次の式

$$\sigma_p = |P|[\mathrm{C/m^2}] \tag{9.7}$$

で表され，分極電荷密度 σ_p は分極 P の絶対値で表されます．

分極 P は一般的には単位体積あたりの全双極子モーメントを集めたもので定義されます．双極子が電子分極した原子の正負の電荷で作られ，各双極子がモーメントを持っているのでこのように表されているわけです．また，一般の誘電体物質の原子は必ずしも規則的には配列しているわけではないので，分極 P の一

9.2 誘電体

◆ 補足 9.1　分極電荷 σ_p が分極 P の絶対値で表されるわけ

分極は単位体積当たりの双極子モーメントを集めたものですので，分極 P と分極電荷密度 σ_p の関係は，電束密度 D と (真) 電荷密度 σ_t の関係と同じような状況になります．すなわち，ある体積に含まれる電荷 Q を集めたもの $\sum Q_i$ は，電磁気学のガウスの法則によって，この体積を囲んだ表面積が S の閉曲面で集めた電束密度 D と等しくなり，次の式が成り立ちます．

$$\int_S \boldsymbol{D} \cdot d\boldsymbol{S} = \sum Q_i \tag{S9.1}$$

ここで，$\sum Q_i$ は体積 v に含まれる全電荷 Q を集めたものであり，S はこの体積 v を囲む閉曲面の表面積です．そして，式 (S9.1) の左辺は閉曲面に含まれる全電束を集めたものになっています．

この式 (S9.1) から，$D = \sum Q_i/S$ が得られるので，$\sum Q_i/S = \sigma_t$ の関係を使うと，電束密度の絶対値 $|D|$ は，次の式で表されます．

$$|\boldsymbol{D}| = \sigma_t \tag{S9.2}$$

実は，電束密度 D はベクトルの発散 (記号の)div を用いると，式 (9.1) から $\text{div}\,\boldsymbol{D} = \sigma_t$ の関係が導けるのですが，分極 P の場合も，div を使うと，分極電荷密度 σ_p の間に次の関係が成り立ちます．

$$\text{div}\,\boldsymbol{P} = -\sigma_p \tag{S9.3}$$

そして，ある物質の分極電荷を Q_p とし，この物質を囲む閉曲面の表面積を S とすると，(真) 電荷の場合と同じように，$\sum Q_{pi}/S = \sigma_p$ の関係が得られます．

以上の結果，σ_p と P の間には σ_t と D の関係と同じような対応関係にあることがわかります．ただ，分極 P の方向は外部電界 E と同じ方向になるので，このために式 (S9.3) では σ_p の前に負符号が付いています．以上に示したように，分極 P と分極電荷密度 σ_p の間には，電束密度 D と (真) 電荷密度 σ_t の間の関係と同様な関係があるので，分極 P の絶対値は分極電荷密度と等しくなり，次の式が成り立つことになります．

$$|\boldsymbol{P}| = \sigma_p \tag{S9.4}$$

般的な定義はこのように双極子モーメントを集めたものと定義されています．

物質の分極には電子分極 P_e や原子分極のほかにイオン分極 P_i と配向分極 P_o があります．イオン分極 P_i は Na^+ と Cl^- のようなイオンからなる結晶物質に電界を加えたときに起こる分極です．また，配向分極 P_o は二つ以上の原子からなる分子の分極です．たとえば，塩化水素 (HCl) という物質では H 原子が正，Cl が負の電荷を帯びており，外部から電界を加えなくても分極しており双極子モーメントを持っています．これは永久双極子モーメントと呼ばれますが，こうした双極子モーメントを持つ分極が配向分極です．

ですから，一般的には分極 P はこれらの分極の和になるので，$P = P_e + P_i + P_o$ という式で表されます．しかし，単体物質ではイオン分極 P_i や配向分極 P_o はゼロですので，電子分極(や原子分極)P_e だけで分極 P を考えればよいのです．

9.2.3 誘電率および平行平板電極間に挿入した誘電体中の電界と電束密度

誘電体では誘電率が重要ですが，一般の物質中の誘電率 ϵ は，電界を E とし電束密度を D とすると，次の式で定義されます．

$$\epsilon = \frac{D}{E} [\text{F/m}] \tag{9.8a}$$

したがって，真空の誘電率を ϵ_0 は次の式で与えられます．

$$\epsilon_0 = \frac{D}{E_v} [\text{F/m}] \tag{9.8b}$$

ここで，E_v は真空中の電界です．

また，物質中の誘電率 ϵ を真空誘電率 ϵ_0 で割った，次の式

$$\epsilon_r = \frac{\epsilon}{\epsilon_0} \tag{9.8c}$$

で表される比の値 ϵ_r は比誘電率と呼ばれます．

以上で準備が終わりましたので，式 (9.8a, 9.8b, 9.8c) の関係を使って誘電体中の電界と電束密度を考えることにします．いま，図 9.10(b) に示すように，2 枚の平行平板電極の間は誘電体であるとします．このような条件を設定したのは，誘電体に電界が加わった状態を作りだすためです．

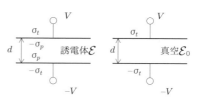

図 9.10 誘電体を挟んだ平行平板電極

いま，図 9.10 に示すように上下の 2 枚の電極に電位 V と $-V$ の電圧を加えたとすると，電極には真電荷密度が与えられます．この真電荷密度を σ_t とし，電極間に誘電体がないときと，あるときの電界をそれぞれ E_v, E_d とすることにします．すると，図 9.10(a),(b) を参照して，E_v と E_d は σ_t, σ_p, および ϵ_0 を使って，次の式で表されます．

$$E_v = \frac{D}{\epsilon_0} = \frac{\sigma_t}{\epsilon_0} [\text{V/m}] \tag{9.9}$$

$$E_d = \frac{\sigma_t - \sigma_p}{\epsilon_0} [\text{V/m}] \tag{9.10}$$

ここで，$\sigma_t - \sigma_p$ は分極によって減少した誘電体の電荷密度を表しています．したがって，誘電体中の電界 E_d は真空中の電界 E_v より小さくなることがわかります．

電束密度 D は真電荷密度と等しいので，$D = \sigma_t$ と $P = \sigma_p$ の関係を使うと，式 (9.10) より，次の関係式が得られます．

$$\boldsymbol{D} = \epsilon_0 \boldsymbol{E}_d + \boldsymbol{P} [\mathrm{C/m^2}] \tag{9.11}$$

一般に，この式は誘電体中の電束密度を表すといわれています．

一方，誘電体中の電束密度 $\boldsymbol{D}_d$ を直接求めてみると，$\boldsymbol{E}$ と $\boldsymbol{D}$ の間には一般的に $\epsilon \boldsymbol{E} = \boldsymbol{D}$ の関係があるので，誘電体の中でも同様な関係が成り立つはずです．そこで，$\epsilon \boldsymbol{E}_d = \boldsymbol{D}_d$ の関係を使うと，式 (9.10) より，誘電体中の電束密度 $\boldsymbol{D}_d$ は，次の式で与えられます．

$$\boldsymbol{D}_d = (\sigma_t - \sigma_p) \frac{\epsilon}{\epsilon_0} = (\boldsymbol{D} - \boldsymbol{P}) \frac{\epsilon}{\epsilon_0} [\mathrm{C/m^2}] \tag{9.12}$$

この式 (9.12) を見ると，誘電体中の電束密度 $\boldsymbol{D}_d$ は，電極間に存在する電荷密度 $\boldsymbol{D}$ より小さいように見えます．

しかし，$\boldsymbol{D} - \boldsymbol{P}$ は式 (9.11) で与えられるので，堂々巡りになりますが，$\boldsymbol{D}_d$ は

$$\boldsymbol{D}_d = \epsilon_0 \boldsymbol{E}_d \frac{\epsilon}{\epsilon_0} = \epsilon \boldsymbol{E}_d [\mathrm{C/m^2}] \tag{9.13}$$

となります．また，$\boldsymbol{E}_d$ と $\boldsymbol{E}_v (= \boldsymbol{E})$ の間には，補足 9.2 に説明するように，次の関係があります．

$$\boldsymbol{E}_d = \frac{\boldsymbol{E}_v}{\epsilon_r} \tag{9.14}$$

したがって，$\epsilon \boldsymbol{E}_d$ は次のようになります．

$$\epsilon \boldsymbol{E}_d = \frac{\epsilon_r \epsilon_0 \boldsymbol{E}_v}{\epsilon_r} = \epsilon_0 \boldsymbol{E}_v \, (= \epsilon_0 \boldsymbol{E}) = \boldsymbol{D} \tag{9.15}$$

この式 (9.15) を使うと，式 (9.13) より $\boldsymbol{D}_d = \boldsymbol{D}$ となり，誘電体中の電束密度は誘電体がないときの電極間の電束密度の値と等しいことがわかります．だから，最初に述べたように式 (9.11) の $\boldsymbol{D}$ は誘電体の電束密度も表しています．

9.2.4 強誘電体

誘電体には電界を加えなくても分極が発生して電気双極子モーメントを持つ性質，つまり自発分極の性質を持つものがあります．この中で自発分極の極性が外部電界で反転する性質を持つものが強誘電体と呼ばれます．

電界を加える前には同じ方向を持つ自発分極で構成される小領域 (ドメインと

◆ **補足 9.2** 電束密度 D は常に一定で，誘電体の中においても $\boldsymbol{D}_d = \boldsymbol{D}$ の関係が成り立つ！

図 9.10(a),(b) における電圧差 V_v, V_d と電極の電荷 Q および静電容量 C_v, C_d の間には，次の式で表される関係が成り立ちます．

$$C_v = \frac{Q}{V_v} [\text{F}] \tag{S9.5}$$

$$C_d = \frac{Q}{V_d} [\text{F}] \tag{S9.6}$$

また，電極間の距離 d を使うと，V_v と V_d は次の式で表されます．

$$V_v = E_v \cdot d [\text{V}] \tag{S9.7}$$

$$V_d = E_d \cdot d [\text{V}] \tag{S9.8}$$

そして，C_v と C_d の間には比誘電率 ϵ_r を使って次の関係が成り立ちます．

$$C_d = \epsilon_r C_v \tag{S9.9}$$

これらの式 (S9.5〜S9.9) を使うと，E_d と E_v の比は次のようになります．

$$\frac{E_d}{E_v} = \frac{V_d}{V_v} = \frac{C_v}{C_d} = \frac{1}{\epsilon_r} \tag{S9.10}$$

したがって，$\boldsymbol{E}_d$ は次の式で表されます．

$$\boldsymbol{E}_d = \frac{\boldsymbol{E}_v}{\epsilon_r} \tag{S9.11}$$

以上の結果，$\epsilon = \epsilon_r \epsilon_0$ の関係を使って，$\epsilon \boldsymbol{E}_d$ は次のようになります．

$$\epsilon \boldsymbol{E}_d = \frac{\epsilon_r \epsilon_0 \boldsymbol{E}_v}{\epsilon_r} = \epsilon_0 \boldsymbol{E}_v = (\epsilon_0 \boldsymbol{E}) = \boldsymbol{D} \tag{S9.12}$$

故に，本文の式 (9.13) より $\boldsymbol{D}_d = \boldsymbol{D}$ となり，誘電体の中の電束密度は真空中の電束密度に等しくなります．

呼ばれる) が強誘電体の中でいろいろな方向を向いて並んでいます．こうした状態の強誘電体に電界を加えると結晶全体の分極 P と電界 E の間に，強磁性体における磁界 H と磁束密度 B の間で見られる磁化曲線とよく似た，図 9.11 に示すようなヒステリシスループが現れます．誘電体のヒステリシスループは，誘電体の個々のドメイン (自発分極領域) が電界 E の印加により一つの大きなドメインへ成長する現象を用いて説明できます．

また，強誘電性にも強磁性の場合と同じように温度依存性があり，転移温度 (キュリー温度とも呼ばれる) と呼ばれる一定の温度より高い温度領域では強誘電性が消滅します．そして，転移温度以上では常誘電性を示します．この性質も強磁性体と似ています．また，強誘電体が結晶構造を持っているために強誘電性は非等方的です．代表的な強誘電体 (結晶) にはチタン酸バリウム $BaTiO_3$ があります．

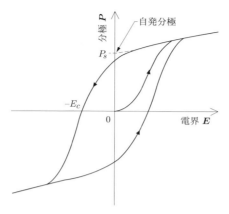

図 9.11　強誘電体のヒステリシスループ

この強誘電体の転移温度は 393[K] です．

演 習 問 題

9.1　図 9.1 を見ると磁力線が導線の周りを左回りに出ているように見える．アンペールの右ねじの法則によれば，磁力線は右回りに発生するとなっているが，この図は間違っていないか？

9.2　自発磁気 (の性質) を持たない物質はスピンが存在していても磁性を示さないが，これはなぜか？

9.3　強磁性とフェリ磁性の似ている点と異なっている点について説明せよ．

9.4　2 枚の電極の間が真空と誘電体の場合で電束密度 D の値は同じか，それとも異なるか？　2 枚の電極間に加える電位差を V とし，このとき電極に蓄えられる真電荷密度は σ_t とせよ．

9.5　強誘電体に電界を加えると，強磁性体の場合と同様に，電界 E と分極 P の間でヒステリシス現象が現れる．このヒステリシス現象を，強誘電体のドメインを使って，強磁性体のヒステリシス現象との類似性を利用して説明せよ．

Chapter 10

超伝導と光物性

　超伝導は特定の物質において電気抵抗率がゼロになる特異な現象で，光物性は光と物質の関係を論ずる分野です．超伝導ではその歴史を概観したあと，この現象の中心の臨界磁界密度，臨界電流密度の重要性について検討します．そして，超伝導現象と磁界の関係を軸に，第一種超伝導体，第二種超伝導体，磁界の侵入距離，磁束量子，および渦糸(超伝導電流)について説明します．また，BCS理論や高温超伝導についても簡単に触れます．光物性では基本的な事項の屈折，吸収，発光，励起子のほか光起電力についても述べます．光物性の応用として発光ダイオードやレーザおよび太陽電池についても基本事項を簡潔に説明します．

10.1　超　　伝　　導

10.1.1　超伝導の発見と概要

　金属の電気抵抗は電子の散乱に基づいていて，主な散乱体は格子振動ですが，このほかに不純物を含む格子欠陥が散乱の原因になります．格子振動は温度が低くなると小さくなるので，金属の電気抵抗率 ρ は，図 10.1(a) に示すように，温度の低下と共に減少します．しかし，温度が絶対零度 (0[K]) に近付くと，電気抵抗に温度に影響されない格子欠陥による散乱が効くようになり，図 10.1(a) からわかるように，絶対零度近くで電気抵抗率 ρ の低下は温度に比例しなくなります．すなわち，金属の電気抵抗は温度を絶対零度に近づけてもゼロになりません．

　ところが，ある種の金属において，図 10.1(b) に示すように，絶対零度 (0[K]) に近い低温領域で電気抵抗が突然ゼロになることが発見されました．この驚くべき現象の発見は，1911年にオランダのカマリング・オンネス (Kamerlingh Onnes) によって，水銀を使って成されました．

　超伝導の発見には重要な背景があります．なぜかといいますと，オンネスはこの実験の前にヘリウムガス (液化温度 4.2[K]) を液化することに成功していて，絶対温度に近い低温状態における電気抵抗の測定が可能になっていたのです．このオンネスの発見した電気抵抗が低温でゼロになる超伝導現象は，有限の電気抵抗の状態から抵抗ゼロの超伝導状態に変化する一種の相転移といわれています．

10.1 超伝導

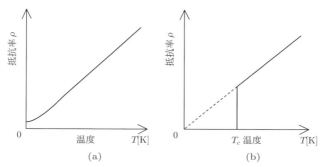

図 10.1　金属 (a) と超伝導体 (b) の電気抵抗率の温度依存性

その後の検討で超伝導の発現は温度のほかに磁界や電流密度にも依存することがわかりました．すなわち，温度，磁界，および電流密度にそれぞれ超伝導の起こる臨界値があり，それぞれの臨界値以下で超伝導現象が起こることがわかってきました．また，超伝導の起こる物質である超伝導体はその磁気的な性質により，第一種超伝導体と第二種超伝導体に分類できることもわかってきました．

10.1.2 臨界磁界と臨界電流

超伝導状態は温度が高くなると壊れますが，磁界が高くなっても壊れます．だから，超伝導には温度と磁界に対して臨界値があり，これらはそれぞれ臨界温度 T_c，および臨界磁界 H_c と呼ばれます．なお，臨界温度以下で電気抵抗がゼロになる性質は完全導電性と呼ばれます．

さて，超伝導状態への磁界の影響ですが，温度と磁界の影響はお互いに関連しており，臨界磁界 $\boldsymbol{H}_c$ は図 10.2 に示すように，温度によっ

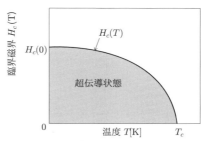

図 10.2　臨界磁界の温度依存性

て変化します．すなわち，H_c は温度 $T[\mathrm{K}]$ の関数 $H_c(T)$ になっています．

臨界磁界 $H_c(T)$ は式で表すと，次のようになります．

$$H_c(T) = H_0 \left\{ 1 - \left(\frac{T}{T_c} \right)^2 \right\} \tag{10.1}$$

この式 (10.1) において H_0 は絶対零度における臨界磁界を表しています．この式

(10.1) および図 10.2 からわかるように，臨界磁界 H_c は絶対零度において最大で H_0 になり，温度が高くなるにつれてその値が下がり，臨界温度 T_c において最小値の 0 になります．図 10.2 においては，$H_c(T)$ が描く曲線の内側の領域が超伝導状態を，外側が常伝導状態を表しています．

また，電流が流れると電流の周りには磁力線が発生して磁界が生まれます．したがって，電流密度 J_c の値が大きくなると発生する磁界の値が増大し，超伝導状態が壊れます．電流密度の臨界値は臨界電流密度 J_c と呼ばれます．

10.1.3 マイスナー効果と第一種超伝導体

一般には超伝導現象は電気抵抗がゼロになる現象であると捉えられていますが，実は超伝導体では磁気についても驚くべき現象が起きています．すなわち，第一種超伝導体に分類される超伝導体は磁気を完全に排除する性質を持っています．

この種の超伝導材料の試料を磁界の中においたまま，試料を超伝導体の臨界温度以下に冷却しますと，試料が常伝導状態のときには内部まで入り込んでいた磁束が，図 10.3 (b) に示すように，試料から外へはじきだされます．この現象はマイスナー効果 (Meissner effect) と呼ばれます．マイスナー効果は完全反磁性を示す現象ですが，この性質は超伝導体に特有な性質であると共に，第一種超伝導体を特徴づける磁気的性質です．

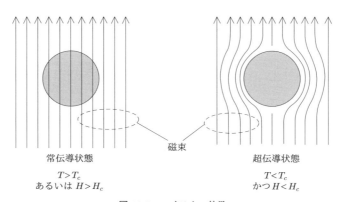

図 10.3 マイスナー効果

マイスナー効果が起こる原因は，超伝導体に磁界が加わると超伝導体の表面に超伝導電流 (超電流とも呼ばれる) が流れ，この電流によって作られる磁界が外部からの磁界の侵入を防いでいるためです．だから，臨界温度以下の状態の超伝導

体に磁石が近づくと，マイスナー効果のために磁石は強い斥力を受けます．その結果，磁石が超伝導体の上に浮き上がった状態が実現できます．

また，図 10.3 (b) に示す磁束 (磁力線の束) の模様から容易に推察できますが，断面が丸い超伝導体試料などの側面では磁束の密度が高くなって磁界が大きくなります．だから，試料の表面近傍の内部の状態は，超伝導相と常伝導相が交互に並ぶ，図 10.4 に示すような中間状態が生じた状態に

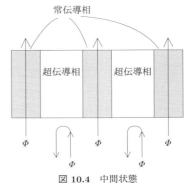

図 10.4 中間状態

なります．中間状態では常伝導相ができていますので試料の側表面ではわずかに磁束が内部に侵入します．しかし，侵入距離は，次の項でも示しますように非常に浅く $10^{-7} \sim 10^{-8}$[m] です．

次に，第一種超伝導体の磁化 M について考えることにします．物質の磁化については 9.1.2 項で説明したように，磁束密度 B，磁界 H および磁化 M の間に式 (9.3) の関係が成立します．この関係は本章でも再度使いますので，式番号を変更して次に示しておきます．

$$B = \mu_0 (H + M) \tag{10.2}$$

完全反磁性を示す第一種超伝導体では，磁束は超伝導体の内部に侵入できないので，磁束密度 B はゼロとなり，$B = 0$ が成立します．したがって，式 (10.2) より第一種超伝導体の磁化 M は，次の式で表されることがわかります．

$$M = -H \tag{10.3}$$

この式 (10.3) の磁化 $-M$ と磁界 H の関係を図に描くと図 10.5 に示すようになります．

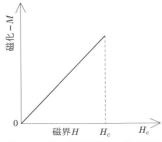

図 10.5 第一種超伝導体の磁化特性

10.1.4 ロンドン方程式と侵入距離

完全反磁性については 1935 年にロンドン兄弟 (F. London and H. London) が理論的に検討しています．すなわち，ロンドンはマイスナー効果を説明するために超伝導内部の基本方程式として，次のロンドン方程式が成立しなければならないと仮定しました．

$$\mathrm{rot}\,\boldsymbol{J} = -\frac{nq^2}{m}\boldsymbol{B} \tag{10.4}$$

この式 (10.4) において，n, q, m はそれぞれ超伝導に与かる粒子の密度，その粒子の電荷，および粒子の質量です．

磁束密度 $\boldsymbol{B}$ とベクトルポテンシャル $\boldsymbol{A}$ の間には，次の式

$$\boldsymbol{B} = \mathrm{rot}\,\boldsymbol{A} \tag{10.5}$$

が成り立つので，この式 (10.5) を式 (10.4) に代入すると，電流密度 $\boldsymbol{J}$ として次の式が得られます．

$$\boldsymbol{J} = -\frac{nq^2}{m}\boldsymbol{A} \tag{10.6}$$

この式 (10.6) は，式 (10.4) と共にしばしばロンドン方程式と呼ばれます．

以上で準備が終わりましたので，磁界の侵入距離を計算してみましょう．まず，磁気に関する次のアンペールの法則の式

$$\mathrm{rot}\,\boldsymbol{H} = \boldsymbol{J}\;(\text{又は}\;\mathrm{rot}\,\boldsymbol{B} = \mu_0 \boldsymbol{J}) \tag{10.7}$$

を，式 (10.4) に代入して解くと，補足 10.1 に示すように，深さ方向を z 方向にとって，次の 1 次元の微分方程式が得られます．

$$\frac{d^2}{dz^2}B(z) = \frac{n\mu_0 q^2}{m}B(z) \tag{10.8}$$

磁束密度の z 成分に関する微分方程式式 (10.8) を解くと，次の解が得られます．

$$B(z) = B_0 e^{-z/\lambda_L} \tag{10.9}$$

ここで，侵入距離 λ_L は次の式

$$\lambda_L = \left(\frac{m}{n\mu_0 q^2}\right)^{1/2} \tag{10.10}$$

で表され，λ_L はロンドンの侵入距離と呼ばれるものです．この式 (10.10) に従って侵入距離 λ_L を計算すると，$1\sim 2\times 10^{-8}$[m] 程度になります．実験で得られる磁束の侵入距離は前にも示しましたように，$(3\sim 50)\times 10^{-8}$[m] ですので，かなりよい一致が見られると言えます．

◆ 補足 10.1　式 (10.8) の導出

式 (10.7) を式 (10.4) に代入すると，次の式が得られます．

$$\text{rot}\,\text{rot}\,\boldsymbol{B} = -\frac{n\mu_0 q^2}{m}\boldsymbol{B} \tag{S10.1}$$

ここで，rot に関する次の公式

$$\text{rot}\,\text{rot}\,\boldsymbol{B} = \text{grad}\,(\text{div}\,\boldsymbol{B}) - \nabla^2 \boldsymbol{B} \tag{S10.2}$$

および磁束密度 $\boldsymbol{B}$ に関するガウスの法則の，磁界の発散はないという公式 $\text{div}\,\boldsymbol{B} = 0$ を使うと，$\boldsymbol{B}$ に関して，次の関係が得られます．

$$\nabla^2 \boldsymbol{B} = \frac{n\mu_0 q^2}{m}\boldsymbol{B} \tag{S10.3}$$

この式では $\nabla^2 \boldsymbol{B}$ は，次のように書けます．

$$\nabla^2 \boldsymbol{B} = \frac{\partial^2 \boldsymbol{B}}{\partial x^2} + \frac{\partial^2 \boldsymbol{B}}{\partial y^2} + \frac{\partial^2 \boldsymbol{B}}{\partial z^2} \tag{S10.4}$$

したがって，式 (S10.4) の z 成分についての式は，次のようになります．

$$\frac{d^2}{dz^2}B(z) = \frac{n\mu_0 q^2}{m}B(z) \tag{S10.5}$$

10.1.5　界面エネルギーと第二種超伝導体

超伝導現象については熱力学的なエネルギーの考察も詳しく行われていますが，その検討の中で (詳細は省略しますが) 超伝導と常伝導の境界領域における界面エネルギー ΔG が検討されています．そして，ΔG は次の式で表されることが明らかにされています．

$$\Delta G = \frac{1}{2}\mu_0 \pi \left(\xi_{GL}^2 H_c^2 - \lambda_L^2 H^2\right) \tag{10.11}$$

この式 (10.11) において ξ_{GL} は GL のコヒーレンス長さと呼ばれるものです．G, L は理論物理学者 Ginzburg と Landau の名前のかしら文字です．このコヒーレンス長さは超伝導の関数の大きさを表すので，ξ_{GL} の大きさは最小の超伝導領域をも表していると考えられます．また，H_c は臨界磁界，λ_L はロンドンの侵入距離，H は外部磁界です．

GL のコヒーレンス長さ ξ_{GL} がロンドンの侵入距離 λ_L よりも大きいとき ($\xi_{GL} > \lambda_L$) には，超伝導体として第一種超伝導体を考えると，外部磁界 H は臨界磁界 H_c を越えることはないので，式 (10.11) で表される界面エネルギー ΔG は正になります．このことから，第一種超伝導体では界面エネルギーが正であることがわかります．

超伝導状態にある試料への磁界の侵入は，界面エネルギー ΔG の値が 0 ときに始まります．したがって，このとき次の式が成立します．

$$H_{ci} = \frac{\xi_{GL}}{\lambda_L} H_c \tag{10.12}$$

ここでは式 (10.11) の H を侵入開始磁界 H_{ci} に置き換えました.

この式 (10.12) を見ると, $\xi_{GL} > \lambda_L$ が成り立つとき $H_{ci} > H_c$ となりますが, 臨界磁界 H_c より大きい磁界の侵入開始磁界 H_{ci} の存在はありえないので, 第一種超伝導体では磁界の侵入は起こらないことを示しています.

しかし, $\xi_{GL} < \lambda_L$ の条件が成り立つときには, $H_{ci} < H_c$ となります. つまり, 磁界侵入開始の磁界 H_{ci} より大きい値の臨界磁界 H_c の存在がありうることがわかります. このことは, 臨界磁界 H_c より小さい外部磁界が超伝導状態の試料に侵入できることを示しています. だから, $H_{ci} < H_c$ の条件を充たすような, 磁界の侵入を許す超伝導体が存在することになります. そして, $\xi_{GL} < \lambda_L$ のときには式 (10.11) より界面エネルギーが, $\Delta G < 0$ と負になりますが, このような条件を充たす超伝導体が実際に存在し, 第二種超伝導体と呼ばれます.

超伝導の G–L の理論では, (詳細は省略しますが) G–L の微分方程式と呼ばれる式が使われます. この微分方程式において ξ_{GL} と λ_L の比を次の式で示すように κ (カッパ) で表し, この κ を使って第一種と第二種超伝導体の区別が議論されています.

$$\kappa = \frac{\lambda_L}{\xi_{GL}} \tag{10.13}$$

すなわち, G–L の微分方程式を使った詳しい検討によりますと, 外部磁界 H と臨界磁界 H_c の間に, 式 (10.13) の κ を使って次の関係が成り立ちます.

$$H = \kappa \sqrt{2} H_c \tag{10.14}$$

この式において κ の値が $1/\sqrt{2}$ より小さいときには, 外部磁界 (これは許容磁界と理解できます) H は臨界磁界 H_c より小さくなり, 最大の許容磁界 H は H_c になります. したがって, この条件 ($\kappa < 1/\sqrt{2}$) を充たす超伝導体は第一種超伝導体であることがわかります. だから, 式 (10.12) を使っての議論では λ_L と ξ_{GL} の値の大小関係で議論しましたが, 厳密には, κ すなわち λ_L/ξ_{GL} の値が $1/\sqrt{2}$ より小さい条件を充たす超伝導体が第一種超伝導体ということです.

次に, κ の値が $1/\sqrt{2}$ より大きい場合を考えますと, このとき式 (10.14) より, 許容磁界 H が臨界磁界 H_c より大きいことになります. このことは超伝導体として第一種超伝導体の存在だけを考えるとありえないことですが, 次に示すように, 2 種類の臨界磁界を持つ超伝導体があると仮定すると, このような許容磁界 H の存在もありうることになります.

事実，第二種超伝導体では，図 10.6 に示す磁化曲線からわかるように，2 種類の臨界磁界 H_{c1} と H_{c2} があります．低い方の臨界磁界 H_{c1} は下部臨界磁界と呼ばれ，高い方の臨界磁界 H_{c2} は上部臨界磁界と呼ばれます．だから，式 (10.14) の H_c を下部臨界磁界 H_{c1} と考え，外部磁界 H が上部臨界磁界 H_{c2} より小さいとすると，H が許容磁界であることも妥当だということになります．

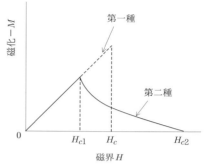

図 10.6　第二種超伝導体の磁化曲線

10.1.6　超伝導体への磁界の侵入と渦糸および磁束量子

第二種超伝導体では超伝導体状態の試料に磁界 H を加えると磁束が試料の中に侵入できますので，この状況を調べることにします．外部から試料に加わる磁束の密度が増大して，図 10.6 に示す下部臨界磁界 H_{c1} を越えると，磁束の試料への侵入が始まります．

しかし，磁束は試料に一様に侵入するのではなく，図 10.7 に小さい ● 印で示すように，個々に分かれて別々の位置で試料に侵入します．超伝導体の試料には厚みがありますので，磁束は紙面に垂直に線状に侵入することになります．

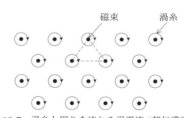

図 10.7　渦糸と周りを流れる渦電流 (超伝導電流)

磁束の侵入した ● 印で示す磁束の通る渦糸の芯の部分は常伝導状態になり，この磁束の周りには矢印で示す方向に超伝導電流が流れますが，この超伝導電流の流れは芯の部分も含めて渦糸と呼ばれています．渦糸の中心を通る磁束は磁束量子と呼ばれます．磁束量子は補足 10.2 に説明しましたように，第二種超伝導体において特有に発生する磁束です．なお，ここでは磁界 $\boldsymbol{H}$ と磁束密度 $\boldsymbol{B}$ の間に，$\boldsymbol{B} = \mu_0 \boldsymbol{H}$ の関係が成り立っていることを暗黙の了解事項として議論しています．

渦糸とこれに伴う磁束量子は，外部磁界が下部臨界磁界 H_{c1} を越えたときに，

◆ 補足 10.2　磁束量子について

磁束量子は第二種超伝導体において，下部臨界磁界 H_{c1} と上部臨界磁界 H_{c2} の間の(磁界の)領域において発生する磁束です．この磁束は外部磁界の増大によって連続的に増大するのではなく，とびとびの値で増大します．すなわち，磁束は 1 本，2 本，3 本，... というようにディジタルに，つまり量子的に増大します．このため第二種超伝導体に侵入する磁束は磁束量子と呼ばれます．

最初の 1 本が発生し，磁界の増大と共にその数が増えていきます．磁束量子が発生すると超伝導状態の試料の中に常伝導状態の領域ができますので，この H_{c1} と H_{c2} の間の状態は混合状態と呼ばれます．さらに外部磁界が大きくなると渦糸と磁束量子のペアの占める領域が拡がります．そして，この種のペアがやがて試料表面を埋め尽くしたとき，試料全体が常伝導状態になり超伝導状態が破れます．このとき外部磁界の値は上部臨界磁界 H_{c2} に達しています．

10.1.7　磁束のピン止めと格子欠陥

電流が流れると磁力線が発生して電流の周辺に磁界が生まれます．第一種超伝導体では超伝導状態の試料には磁界を一切受け付けない(侵入できない)ので，電流の流れることができるのは試料の表面にだけです．その意味では第一種超伝導体は実際の応用には使いにくい材料ということになります．

一方，第二種超伝導体では，上部臨界磁界と下部臨界磁界の間の領域において磁界は超伝導状態の試料の中に侵入できますので，実用に向いた材料です．しかし，第二種超伝導体においても，超伝導体試料に不純物を含む格子欠陥が存在しない純粋な超伝導体の場合には，試料を流れることのできる超伝導電流密度は小さい値にしかなり得ません．

なぜかといいますと，試料に電流を流すと磁束量子が発生しますが，電流と磁界の相互作用により磁束量子に対してローレンツ力 $\boldsymbol{F}(= q\boldsymbol{v} \times \boldsymbol{B})$ が働きます．だから，超伝導電流が増えて電流密度が大きくなると，磁束量子に対して大きなローレンツ力 $\boldsymbol{F}$ が働くようになり，磁束量子が試料の中で動き出します．すると電気抵抗が発生し超伝導状態が破れ，試料は常伝導状態になってしまうからです．

超伝導材料として実用に用いるには，超伝導臨界電流密度 J_c はできるだけ高いことが望ましいので，このためには磁束量子がローレンツ力によって動かないようにする必要があります．このことは第二種超伝導体に格子欠陥を導入することによって実現しています．試料の中に格子欠陥が存在すると，試料が超伝導状

態になっても格子欠陥が存在する箇所は常伝導状態のままで取り残されることが多いことがわかったのです．

格子欠陥が存在する箇所は常伝導状態なので磁束が通りやすい，すなわち磁束量子が発生やすい箇所になります．そして，発生した磁束量子は格子欠陥に捕獲されていて動きにくい状態になっています．この現象は磁束量子の格子欠陥による'ピン止め'と呼ばれます．

磁束量子がピン止めされた第二種超伝導体では超伝導電流が増大しても磁束量子を超伝導体試料の中に固定することができます．この結果，超伝導電流が増大しても試料は超伝導と常伝導が混在した混合状態が維持され，試料は上部臨界磁界まで超伝導状態が保たれことになります．だからこうした格子欠陥を含む試料では超伝導電流の臨界密度が高くなるのです．

10.1.8 BCS 理論について

超伝導の理論についてはロンドン (London) 兄弟の理論，ギンツブルグ (Ginzburg) とランダウ (Landau) の G–L 理論などがありますが，これらの理論はいずれも実際に起こった超伝導現象を説明するために提案されたものです．このためこれらの理論は現象論的理論とよばれます．これらの理論は超伝導現象がどのような原理に基づいて起こるかについてはあまり答えていません．

超伝導現象が起こる原理を基礎から量子力学を用いて理論的に検討して本格的な超伝導理論を確立したのは，バーディーン (Bardeen)，クーパー (Cooper)，シュリーファー (Schrieffer) の3人です．彼らは共同で理論を打ち立てましたので，3人の確立した理論はかれらの名前の頭文字の B, C, S をとって BCS 理論と呼ばれています．BCS 理論の詳細はかなり高度で難解で，本書の守備範囲を越えますので，ここでは理論のさわりだけを簡略に紹介することにします．

超伝導現象がなぜ起こるか？ の疑問に関してまず問題になるのは，超伝導電流を運んでいるキャリア (担体) は何か？ ということです．普通の電流 (常伝導電流) を運ぶキャリアは電子ですから，まず電子が候補に挙がります．しかし，電子は超伝導を運ぶキャリアとしては都合の悪いことがあります．6.1.2 項に述べましたように，電子は格子振動によって散乱され電気抵抗が発生するからです．だから，単純に電子を超伝導のキャリアと考えることはできないのです．

超伝導電流を運ぶキャリアは格子振動によって散乱されることのない粒子である必要があります．電子が格子振動によって散乱を受けるのは，電子がフェルミ粒子であって個々の電子が単独で運動しているからであると考えられます．格子

振動する原子の群の中を運動しても散乱されない，または散乱されにくい粒子があるとすれば，それはボース粒子です．

なぜかというと，ボース粒子はパウリの排他律の制約を受けることのない粒子なので，2個以上の多数の粒子が同一状態の集団を作って運動することができます．だから，もしも電子がボース粒子に変質することが可能であれば，格子振動の中を散乱しないで電流を運ぶことができる可能性が出てきます．

BCS メンバーのクーパー (Cooper) は，電子はフェルミ粒子であるが電子には上向きスピンと下向きスピンの2種類の電子があるので，これらの二つの電子が対 (ペアー) を作れば，この電子対がボース粒子またはボース粒子的になりうると考えました．すなわち，上向きスピンのスピン数は $1/2$ で，下向きスピンのスピン数は $-1/2$ ですから，この二つの電子で作られる電子対のスピン数はゼロになります．フェルミ粒子のスピン数は半整数で，ボース粒子のスピン数はゼロまたは整数ですので，電子対はボース粒子の一つの条件を充たすのです．

電子対がボース粒子であるためには，このほかに運動量や電子対の作る波動関数についてボース粒子特有の性質を充たす必要があります．すなわち，電子対で作られる波動関数は粒子の交換に対して対称性を示さなければなりませんが，詳しい検討によれば，電子対はこれらの条件も充たしているのです．

電子対はクーパーが提案した粒子ですので，クーパー対とも呼ばれます．しかし，電子対の形成には困難もあります．なぜなら，電荷が同符号の粒子の間にはクーロン反発力が働きますが，電子の場合，スピンが異なっても電荷はすべて同じで負ですので，電子対の間には強いクーロン反発力が働いています．

この困難に対処するためにクーパーは次のように考えました．電子対の間隔が狭ければクーロン反発力は距離の二乗に反比例して増大しますので極めて大きくなりますが，二つの粒子の間隔が広ければ反発力は急激に小さくなるので，クーパーは電子対は少し離れた二つの電子が対を組んでいると考えました．そして，電子対の結合力は弱いものであるとも考えました．

電子対形成についてのもう一つの困難は二つの電子を結び付ける力は何かという問題です．クーパーはこの結合力は格子振動による格子ひずみであると考えました．格子振動はすでに説明したように，量子化するとフォノンになります．だから，格子ひずみによって電子が結合するという考えは，二つの電子が，(格子振動に基づく) フォノンを交換して結合していると考えることと等価なのです．粒子の交換によって結合力が生まれる話は中間子の交換によって核力が生まれることでも有名で，その例はいくつか存在するのです．

10.1 超伝導

電子対の間隔，すなわち電子対の大きさは，この粒子の波で作られる波動関数の大きさを表していますが，これはこれまで述べてきたコヒーレンス長さになります．実はコヒーレンス長さには2種類あり，一つはピパード (Pippard) のコヒーレンス長さ ξ_0 であり，他方がこれまで述べてきた G–L のコヒーレンス長さ ξ_{GL} です．そして，二つのコヒーレンス長さは，それぞれ次の式で表されます．

$$\xi_0 = 0.18 \frac{\hbar v_F}{k_B T} \tag{10.15a}$$

$$\xi_{GL}(T) = 0.74 \xi_0 \left(\frac{T_c}{T_c - T}\right)^{\frac{1}{2}} \tag{10.15b}$$

ここで v_F はフェルミ速度です．

1個の電子対の大きさはピパードのコヒーレンス長さ ξ_0 になり，電子対が集まって集団を作ったときの集団の波動関数の拡がりの大きさは G–L のコヒーレンス長さ ξ_{GL} になります．この式 (10.15b) において T_c は臨界温度，T は試料の温度ですから 0[K] 近傍で G–L のコヒーレンス長さ ξ_{GL} はピパードのコヒーレンス長さ ξ_0 とほぼ同じ大きさになります ($\xi_{GL}(0) = 0.74\xi_0$)．このことから，試料の温度が 0[K] 以上の温度 T (高温) では電子対の結合が緩んで拡大し，G–L のコヒーレンス長さ $\xi_{GL}(T)$ が大きくなっていることを表しています．なお，フェルミ速度 v_F を約 1.5×10^6[m]，温度 T を 20[K] として ξ_0 の値を計算すると約 1×10^{-7}[m] になります．

BCS (BCS 理論のメンバー) は，電子対の存在を仮定し，量子力学を使って超伝導の問題を理論的に検討しました．すなわち，電子の運動エネルギー，電子-電子 (クーロン) 相互作用エネルギー，およびフォノンの相互作用に基づく電子-電子相互作用エネルギーの3個の項を持つハミルトニアン (エネルギーを演算化したもの) を用いて波動方程式を立てて，超伝導の問題を理論的に解きました．

その結果，フォノンとの相互作用によって電子間に引力が発生し，この力がクーロン力を上回ることがあること，したがって電子対の形成が妥当であることを示すと共に，電子対を作る状態の電子の波動関数と，作らない状態の電子の波動関数のエネルギーの間にはギャップが存在すること，すなわち常伝導と超伝導の粒子 (電子) の間にはエネルギーギャップがあることを明らかにしました．

そして，電子対を形成したときの方が，そうでないときより系のエネルギーが低くなることを明らかにしました．このことは，ある温度 (臨界温度) 以下ではフォノンと相互作用している電子は，電子対を作った方がエネルギー的に安定であることを示すと共に，これによって超伝導状態が起こることが妥当であること

を示しています．

10.1.9 酸化物高温超伝導

電流が流れる物質は金属ですから超伝導は金属で起こるというのが長年の常識でした．ただ，物事には例外は常にあるもので，ある種の酸化物において超伝導が起こることは以前から知られていましたが，超伝導の起こる臨界温度は金属の場合よりかなり低いものでした．

ところが，1986 年に酸化物において超伝導開始温度が 30[K] から始まり，40[K] において電気抵抗がゼロになるという驚くべき発見がベドノルツ (Bednortz) とミュラー (Müller) によって発表されました．これらの超伝導開始温度とゼロ抵抗を示す温度は従来の金属系超伝導体のそれらをはるかに越えるものでした．続いて翌年の 1987 年には，図 10.8 に示すように，臨界温度が 92[K] の本格的な酸化物超電導体の YBCO が発見されました．

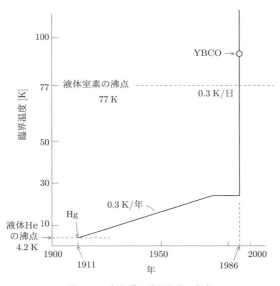

図 10.8　超伝導の臨界温度の推移

この新発見は当時の科学者を非常に驚かせました．当時の金属系の最高の臨界温度は約 23[K] 程度で，超伝導現象を観察，利用するには冷却剤として液体ヘリウム (He，沸点，つまり液化温度は 4.2[K]) が必要でした．超伝導を研究する研究

10.1 超伝導

者やこの現象を実用に応用する超伝導技術者にとって冷却剤として液体窒素 (窒素の沸点は 77[K]) を使うことが長年の夢でした.

理由は使いやすさと冷却剤や冷却装置にかかる費用が格段に安くなるからです. 費用についての液体窒素と液体ヘリウムの差はミネラルウォーターと高級ウイスキーの差ほどあるといわれています. 酸化物超伝導体の発見はこの夢を軽々と越えてしまったのです. しかし, 使いやすさと費用の点に関しては超伝導が室温以上の温度で起こることが最も望ましいことはもちろんです. なお, 現在では酸化物超伝導体の最高の臨界温度は水銀系酸化物超伝導体で 135[K] が報告されていて, 高圧雰囲気下では 166[K] の臨界温度も達成できています.

酸化物高温超伝導体には物理現象としても, これまでの超伝導体物質では見られない不思議な現象もありました. 第一は, ①なぜ 100[K] を越えるような超伝導の発現温度 (つまり臨界温度) が得られるかですが, これに関連しますが②BCS 理論適用の温度限界は約 40[K] だといわれていましたが, 酸化物超伝導には BCS 理論は適用できるのか? とか③BCS 理論が適用できないとすると, 超伝導発現のメカニズムは何か? さらには④酸化物系で金属系以上の超伝導発現の臨界温度が得られるのはなぜか? などがあります.

これらの疑問は, 酸化物高温超伝導が発見されてから現在までの 30 年間の研究によって徐々に解明されてきていますが, ここでわかりやすく平易に説明できるほどには明らかになっていないのが実情のように思います.

そこで, ここでは BCS 理論の適用限界との関連で, 電子対の形成に関して少しだけ述べておくおことにします. といいますのは, 酸化物高温超伝導の発現メカニズムについての詳細については研究者の間で議論があって, 見解は必ずしも一致していないようですが, 超伝導電流を運ぶキャリアが電子対であることについては, 研究者の間でだいたいコンセンサスが得られているからです.

しかし, 電子対の形成メカニズムについては見解が一致していないように見受けられます. その理由の一つは超伝導に与かる粒子 (電子対) のコヒーレンス長さと (磁界の侵入距離の) ロンドンの侵入深さが従来の金属系の場合と大きく異なるために, これらの大きな差の原因についての見解が分かれるからだと思われます.

たとえば, G–L のコヒーレンス長さ ξ_{GL} は酸化物系では金属系の場合の 1/10 ～1/100 と非常に短く, 逆にロンドンの侵入距離 λ_L は 10～100 倍と長くなっています. G–L のコヒーレンス長さ ξ_{GL} が短いとピパードのコヒーレンス長さも短くなります. これらのコヒーレンス長さが短いということは, 電子対の大きさが小さいことを示していますので, 電子対を作る二つの電子間の距離が短いとい

うことになります.

　電子間の距離が短くなると,電子間に働くクーロン反発力が大きくなるので,電子対を対の状態で維持するには電子間に強い結合力が必要になります.電子間の強い結合力は超伝導の臨界温度が高いためにも必要です.しかし,BCS理論において想定されるフォノンとの相互作用によって得られる電子間の結合力は弱いものなので,上に述べたコヒーレンス長さが要求する強い結合力はフォノンとの相互作用では得られない可能性が高いのです.このような背景もあって,最近の研究では電子対の形成メカニズムとして,格子ひずみによるフォノン・メカニズムに代わって,反強磁性スピンの揺らぎによるメカニズムなどが考えられています.

　高温超伝導体において提案されている電子対の形成メカニズムは難解なものが多いのが実情です.そこで,ここでは粒子の交換によって力が生じるという考えを使って,電子対の形成を説明しておくことにします.なぜかといいますと,電子対の形成を起こす電子とフォノン(格子振動)との相互作用による力は,対を作る二つの電子の間でのフォノンの交換によるものと解釈することもできるからです.

　こうした粒子の交換によって力が生じるという考えは,これから述べますように初学者にとっては,わかりやすい利点があります.なお,粒子の交換によって力が発生する物理現象には,湯川の提唱した核力(中間子の交換)やクーロン力(フォトンの交換)などがあり,特に珍しい現象ではないことを,ここで指摘しておきます.

　さて,金属系の超伝導では臨界温度の上限は30〜40[K]といわれています.また,酸化物系の臨界温度は現在のところ135[K]ですが,この上限を仮に200[K]とすることにします.そして,温度が40[K]と200[K]のときの(熱)エネルギーを$k_B T$に従って計算すると,それぞれ3.45×10^{-3}[eV]と1.73×10^{-2}[eV]になります.また,フォノンの最大周波数から予想されるフォノンのエネルギー$\hbar\omega$は約1.98×10^{-2}[eV]と見積もることができます.

　超伝導のキャリアとして電子対を仮定して,おおよその議論をするとして,ここでは臨界温度の上限の温度から見積もられるエネルギーを電子対の壊れるエネルギーとします.そして,フォノンの持つエネルギーを電子対形成に必要なエネルギーと考えることにします.すると,上記のフォノンの最大エネルギー(1.98×10^{-2}[eV])は,金属系超伝導では臨界温度の上限で電子対が破壊されるエネルギー(3.45×10^{-3}[eV])より十分大きいので,電子対形成に必要なエネルギーとして十分だと推察できます.

しかし，酸化物系超伝導では臨界温度の上限温度での結合力のエネルギーとしては，フォノンの最大のエネルギー (1.98×10^{-2}[eV]) は小さすぎるように推察されます．なぜなら，フォノン持つこの最大のエネルギーが，臨界温度の上限と仮定した温度 (200[K]) においては，電子対が破壊されるエネルギー (1.73×10^{-2}[eV]) と同程度だからです．

交換する粒子としてフォノンが不適当だとすると，フォノン以外の粒子を考えなくてはなりませんが，まず浮かぶのは，電子対の形成メカニズムとして考えられているスピン揺らぎの現象との関連からスピン波，つまりマグノン (スピン波を量子化したもの) が考えられます．マグノンはボース粒子的な性質を持っている粒子で，強磁性体と反強磁性体に存在します．

酸化物高温超伝導体はその結晶構造から反強磁性体の性質を示すといわれますので，粒子の交換作用に寄与する粒子が反強磁性体のマグノンであれば矛盾はないことになります．しかし，実験データを調べてみますと，すべての酸化物高温超電導体が反強磁性を示す構造ではないようにも見受けられます．また，高温で反強磁性状態が維持されるにはネール温度が高いことも必要です．これらの条件をすべて満たすのは難しいので，電子対の形成はマグノンの交換ではない可能性もあります．

ボース粒子的な性質を持つ粒子で，エネルギーがフォノンより大きい条件を持つ粒子であれば，その粒子は電子対形成において交換される粒子の可能性を持つことになります．このように考えると，交換される候補になる粒子は多いと推察されます．また，電子対形成メカニズムについて粒子の交換による引力の発生を考えることは，超伝導の新しいメカニズムを考える上でも有効かもしれません．交換される粒子が推定できればメカニズムの詳細は考えやすいからです．

10.1.10 超伝導の応用

超伝導の応用はまとめて図 10.9 に示しましたが，超伝導現象を使うことによって大きな恩恵を受ける実用装置に電磁石 (マグネット) があります．だから，超伝導の最初の実用への応用は電磁石でした．電磁石では電流が使われますが，通常の電流では電気抵抗のために導線が発熱し電磁石の温度上昇が起こります．電磁石の温度が上昇するとこれを使った装置の故障や事故の原因になります．このために，これまでの常電流を使う電磁石では，磁石の温度の上昇を防ぐために冷却が必要でした．だから，大型の電磁石には大がかりな冷却装置を備える必要がありました．

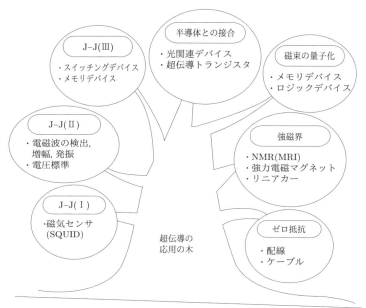

注：J-Jはジョセフソン接合素子を指す

図10.9 超伝導の応用

　しかし，超伝導電流であれば電気抵抗がゼロですので，電流が流れても発熱は起こりません．だから，電磁石に対する冷却の心配はなくなります．したがって，超伝導を使うことによって小型で軽量な強力なマグネットが製造できるのです．

　超伝導マグネットの応用技術で現在世界から注目されている国産技術に，次期新幹線に使われるリニアモータがあります．また，超伝導マグネットは小型＆軽量の強力マグネットですから，リニアモータのほかにも多くの装置で利用されています．たとえばNMR(核磁気共鳴)を使ったMRI(磁気共鳴画像処理装置)は微弱な生体信号をとらえることができますが，この効果によってMRIはガン治療などで大活躍しています．

　超伝導はエレクトロニクス分野への応用も大きく拡がっています．これには超伝導では抵抗ゼロのために発熱がなく，その結果雑音が生じないことが大きく効いています．このために通常の電流を使う装置では捕えられないような微弱な信号を，超伝導を使う装置では扱うことができるのです．

　こうした目的の代表的な超伝導応用デバイスにSQUID(超伝導量子干渉デバイ

ス) があります. SQUID ではジョセフソン接合 (Josephson Junction, J–J と略称) が使われています. J–J の詳細な説明は省略しますが, 簡単には次のようになっています. すなわち, J–J は電極の付いた 2 枚の超伝導体でごく薄い絶縁物を挟んだ, 超伝導電流のトンネル効果を利用したデバイスです. この J–J を使えば微弱な電磁波の受信が可能ですし, この装置自体が電圧標準の機器にも使えます. J–J を使った電圧標準機器はすでに実用化されています.

また, ゼロ抵抗の応用では配線とかケーブルなども今後期待される大きな応用分野です. これらへの応用では超伝導発現の臨界温度が高いことが極めて有利になりますので, 臨界温度上昇への期待が膨らんでいます. 今後のより一層の研究開発が期待されます.

10.2 光 物 性

10.2.1 光は電磁波

光は電磁波で, 電界の波と磁界の波で構成されています. そして, 電界と磁界の波は, 互いに直交していて光の進行方向に対して垂直方向に振動しています. だから, 光は横波です. いま, 真空中と物質中を x 方向に振動しながら z 方向に進行している光があるとします. そして, 真空中の速度を c, 物質中の速度 v とすることにします.

光は電磁波ですから, 光の波は電界成分を持っていますので, この電界を E_x とすると, 真空中と物質中をすすむ場合に, E_x はそれぞれ次の式で表されます.

$$E_x = E_{0x} e^{i2\pi\nu\left(t-\frac{z}{c}\right)} \tag{10.16a}$$

$$E_x = E_{0x} e^{i2\pi\nu\left(t-\frac{z}{v}\right)} \tag{10.16b}$$

ここで, E_{0x} は波の振幅, ν は振動数で, これらは真空中と物質中で変化しません.

電界 E_x の振動している面は偏光面といわれます. 自然光は進行方向と垂直なすべての方向に振動しているので, 偏光面は進行方向の周りに均一に分布しています. しかし, 反射・屈折を起こして進行する光や, 特定の結晶 (方解石など) で作った偏光子を透過した光 (波) は特定の偏光面を持つ光になります. こうした光は偏光と呼ばれます.

光を量子として捉えると光はフォトンという粒子でもあり, 光のエネルギー $\mathcal{E}$ は, すでに 1 章において述べたように, 次の式で表されます.

$$\mathcal{E} = h\nu \quad (\text{または}, \hbar\omega) \tag{10.17}$$

◆ **補足 10.3　式 (10.20) について**
マクスウェル方程式 ($\mathrm{rot}\, \boldsymbol{H} = i + \partial \boldsymbol{D}/\partial t, \mathrm{rot}\, \boldsymbol{E} = -\partial \boldsymbol{B}/\partial t, \mathrm{div}\, \boldsymbol{B} = 0, \mathrm{div}\, \boldsymbol{E} = \rho$) から波動方程式が導けますが，この波動方程式から x 方向に振動し z 方向に進む波の電界 $\boldsymbol{E}$ は，次の微分方程式を充たすことがわかります．

$$\frac{\partial^2 \boldsymbol{E}}{\partial z^2} = \epsilon \mu \frac{\partial^2 \boldsymbol{E}}{\partial t^2} + \sigma \mu \frac{\partial \boldsymbol{E}}{\partial t} \tag{S10.6}$$

この式で $\epsilon = \epsilon_0 \epsilon_r$, $\mu = \mu_0 \mu_r$ の関係式を使うと，式 (10.20) が得られます．

ここで，ω は角振動数で振動数 ν との間に $\omega = 2\pi\nu$ の関係があります．また，運動量 $\boldsymbol{p}$ は次の式で表されます．

$$\boldsymbol{p} = \hbar \boldsymbol{k} \tag{10.18}$$

ここで $\boldsymbol{k}$ は波数ベクトルで，その絶対値は波数と呼ばれ $k(=2\pi/\lambda)$ で表されます．したがって，運動量 $\boldsymbol{p}$ の絶対値は，すでに示したように h/λ となります．

10.2.2 屈折，励起子，吸収および発光

▶屈　折

光の屈折は光と物質の電気双極子との相互作用によって起こっています．だから，屈折は分極率とか誘電率に関係します．巨視的には光の物質に対する屈折率 n^* は，光の真空中を進む速度 c と物質を進む速度 v の比を使って，次の式で表されます．

$$n^* = \frac{c}{v} \tag{10.19}$$

屈折率は一般には複素数で表されますので，右辺が実数なので矛盾しますが，この式 (10.19) では n の複素数表示という意味で記号 n^* を用いました．

マクスウェル方程式を使うと，z 方向に進む波の電界 $\boldsymbol{E}$ の波動方程式として，次の式を導くことができます (補足 10.3 参照)．

$$\frac{\partial^2 \boldsymbol{E}}{\partial z^2} = \epsilon_0 \epsilon_r \mu_0 \mu_r \frac{\partial^2 \boldsymbol{E}}{\partial t^2} + \sigma \mu_0 \mu_r \frac{\partial \boldsymbol{E}}{\partial t} \tag{10.20}$$

ここで，物質中の誘電率 ϵ と透磁率 μ が，それぞれ真空の誘電率 ϵ_0, 比誘電率 ϵ_r と透磁率 μ_0, 比透磁率 μ_r を使って，$\epsilon = \epsilon_0 \epsilon_r$, $\mu = \mu_0 \mu_r$ で表されることを使っています．

詳細は省略しますが，式 (10.20) に，式 (10.16a, 10.16b) を $E_x = E$ とおいて代入して計算し，式 (10.19) の関係を使うと，屈折率の二乗 n^{*2} として，次の式が得られます．

$$n^{*2} = c^2 \left(\epsilon_0 \epsilon_r \mu_0 \mu_r - i \frac{\sigma \mu_0 \mu_r}{2\pi \nu} \right\} \tag{10.21}$$

ここで, $c = (\epsilon_0 \mu_0)^{-1/2}$ の関係を使うと, n^* を表す式 (10.21) は, 次の式になります.

$$n^{*2} = \epsilon_r \mu_r - i\frac{\sigma \mu_r}{2\pi \nu \epsilon_0} \tag{10.22a}$$

次に, 屈折率の実数項に n を, 虚数項 (消衰係数と呼ばれるものになる) に κ を, それぞれ使って, 式 (10.22a) を次のようにおいてみます.

$$n^{*2} = (n - i\kappa)^2 \tag{10.22b}$$

式 (10.22a, 10.22b) の右辺同士を等しいとおくと, $n^2 - \kappa^2 = \epsilon_r \mu_r$, $n\kappa\nu = \sigma\mu_r/4\pi\epsilon_0$ の関係が得られます. 絶縁体 (誘電体) では伝導はなく $\sigma = 0$ なので, $\kappa = 0$ となり屈折率は実数項だけになります. 以上の結果, 屈折率は実数になり, 次の式で表されます.

$$n^* = n = (\epsilon_r \mu_r)^{\frac{1}{2}} \tag{10.23}$$

詳細は省略しますが, 固体による光の吸収係数 α と垂直入射の場合の反射率 R はそれぞれ, 次の式で表されます.

$$\alpha = \frac{\sigma}{nc\epsilon_0} \tag{10.24}$$

$$R = \frac{(n-1)^2 + \kappa^2}{(n+1)^2 + \kappa^2} \tag{10.25}$$

吸収係数 α は式 (10.24) からわかるように, 次に述べる吸収のメカニズムと関連していて, 伝導率 σ と関係があります. また, 吸収がなく伝導率 σ がゼロのときには κ の値がゼロになるので, 式 (10.25) からわかるように, 反射率 R は $R = (n-1)^2/(n+1)^2$ となり, 屈折率 (実数) のみによって決まります.

▶励起子

励起子は非金属結晶中の代表的な電子励起状態の量子で, エキシトンと呼ばれるもののことです. 光などによって価電子帯の電子が伝導帯に励起されたとき, 電子が, 価電子帯に生成された正孔とクーロン相互作用によって束縛状態を作った状態が励起子です. だから, 励起子は正孔と電子からなる電気的に中性な複合粒子です. そして, この励起子は結晶の中でエネルギーを運ぶことができます.

励起子には 2 種類あり, 励起子の大きさ (電子と正孔の対の作る波動関数の拡がりの大きさ) が格子定数に比べて大きいものはワニエ励起子, 小さいものはフレンケル励起子と呼ばれます. しかし, これらの二つの励起子は両極端の場合のモデルであって, 実際に存在する多くの励起子は, 両者の中間の状態になっていると考えられています.

励起子には束縛エネルギー準位があり，この準位は水素原子に作られる電子準位のようになっています．励起子 (エキシトン) を形成するときに起こる光の吸収は励起子吸収と呼ばれます．そして，励起子の作る電子と正孔が再結合 (発光中心の励起準位にある電子が最低の準位の基底準位にある正孔と結合すること) して消滅すると，光が放出されます．これがルミネッセンスと呼ばれる現象です．

▶吸 収

物質の中でも金属による光の吸収には，光からエネルギーを得た伝導電子が格子との衝突のくり返し (相互作用) によってエネルギーを格子に与え，これを失う吸収の伝導吸収と，エネルギー準位間の遷移による吸収があります．伝導吸収には伝導率 σ が関与します．金属の場合のエネルギー準位間の吸収は波長の短い電磁波の X 線領域で観察されます．

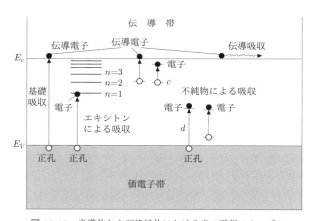

図 10.10　半導体および絶縁体における光の吸収メカニズム

半導体や絶縁体の吸収では上記の二つを含めて図 10.10 に示す吸収メカニズムがあります．それらは，光照射によって価電子帯から伝導帯へ電子が励起されるときに起こる基礎吸収，励起子 (エキシトン) による吸収の励起子吸収，不純物などで作られる欠陥準位などによる吸収です．

▶発 光

発光は高いエネルギー準位から低い準位へ電子が遷移するときに起こる現象で，電子の遷移によって起こります．発光現象は物質に外部から何らかのエネルギーが与えられ，物質がこのエネルギーを吸収し，光の形で外部に放出するものです．発光はルミネッセンスといわれますが，これには蛍光，燐光や電界を加えること

によって起こる電界発光などがあります．

10.2.3 ルミネッセンス

たとえば物質が光を吸収すると，電子は励起状態になります．この状態では電子はより高い準位を占め，低い準位には空きが生じています．これは熱的に非平衡状態にあり，時間と共に熱平衡状態に戻ります．励起状態が熱平衡に戻る過程は緩和過程と呼ばれ，この過程で光が放出される現象がルミネッセンスと呼ばれます．

▶ルミネッセンスのいろいろ

ルミネッセンスはすでに説明したように外部から物質にエネルギーを与えて励起状態を作り，光を放出させる現象です．外部励起には光や電子線のほかにイオン照射，加熱，加圧，化学反応などがあります．

そしてルミネッセンスには蛍光 (fluorescence) と燐光 (phosphorescence) があります．蛍光は外部励起後 10^{-8} 秒以内の非常に短い時間遅れで発光する現象です．一方，燐光は外部励起後数秒から数時間の長い時間続く発光です．

ルミネッセンスを示す結晶物質には (a) NaCl, KCl などのハロゲン化アルカリ，(b) ZnS, CdS などの II–IV 族化合物，(c) GaP, GaAs などの III–V 族化合物，(d) Al_2O_3 やガーネット ($Y_3Al_5O_{12}$) のような金属酸化物，(e) Zn_2SiO_4 のような珪 (ケイ) 酸塩などの酸素酸塩
があります．

▶ルミネッセンスのメカニズム

高い発光効率のルミネッセンスは結晶内に発光中心として働く欠陥や添加不純物を含む場合に起こります．そして，発光中心は紫外線照射などで励起されて，電子が励起準位に上げられ，この電子が基底準位に戻るときに光の形でエネルギーが放出されます．この様子は図 10.11 に示すようになります．

光励起によるルミネッセンスでは，図 10.11 に示す，励起す

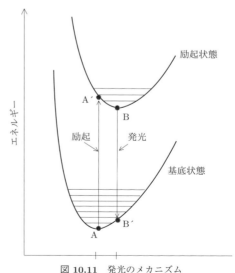

図 10.11　発光のメカニズム

るときのエネルギー差 $A - A'$ が，発光が起こるときのエネルギー差 $B - B'$ より大きくなります．すなわち，励起光の波長が発光波長より短くなります．これはストークスの法則と呼ばれます．$A' \to B$, $B' \to A$ などの電子のエネルギー位置の変化 (移動) で失われるエネルギーは熱振動などによる熱的なものによるものです．

▶注入型電界発光のメカニズム

電界発光 (electro–luminescence) は一般には頭文字をとって EL と呼ばれますが，電界発光には真性電界発光と注入型電界発光の 2 種類があります．真性電界発光は電界によって電子が加速され，これによって発光中心が励起され，上に述べたメカニズムで発光するものです．一方，注入型電界発光は GaP, GaAs, SiC などの半導体の p–n 接合で起こる発光です．

注入型電界発光の発光メカニズムは普通の電界発光のメカニズムと少し異なります．この発光では電界のほかに電流が加えられます．すなわち，p–n 接合に順方向に電流を流すのですが，そうすると図 10.12 に示すように，n 側から p 側へ電子が注入され，p 側からは n 側へ正孔が注入されます．

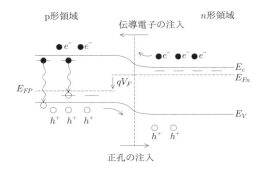

図 **10.12** p–n 接合における注入発光

注入された電子と正孔は注入された領域ではともに少数キャリアになります．だから，この電子と正孔の注入は少数キャリアの注入と呼ばれます．注入された少数キャリアの電子と正孔は接合の近傍において，図 10.12 に代表例を示すように，不純物準位とエネルギー帯間や準位間の遷移を通じて再結合することによって発光を起こします．図では P 領域でのみ再結合発光を示していますが，接合部や n 領域

でも起こります.この型の電界発光は注入型電界発光 (injection–luminescence) と呼ばれています.なお,この種の注入型電界発光を使った発光素子はこの後述べますが,発光ダイオードと呼ばれます.

10.2.4 発光素子とレーザ
▶自然発光と誘導発光およびレーザ

　発光では電子が高い準位から低い準位へ遷移することによって起こりますが,普通の発光では発光中心が多くあっても,それらの間には何らの相互作用も起こらず,互いに独立に発光中心から光が放出されています.このような光の放出のされ方は自然放出 (spontaneous emission) と呼ばれます.これに対して放出される光の間で相互作用があると,位相の揃った光の波が放出されます.この種の放出は誘導放出 (induced emission) と呼ばれます.

　誘導放出は次のようにして起こります.いま一つの原子があり,励起状態の準位にある電子が基底状態の準位に戻り,光を放出しているとします.そこへ同じ振動数 ν の光がほかからやってきます.するとこの原子はほかからやってきた光の位相と同じ位相の光を放出するという誘導放出現象が起こることがあります.なお,ほかからやってくる光が存在する状態での発光とは,別の表現では,外部電磁場が存在している状態での発光ということになります.

　発光中心がたくさんあるような結晶の両側に反射鏡をおいたとしますと結晶から放出した光は両側の鏡によって反射を繰り返し,光は結晶の中を何回も通ります.すると,反射を繰り返す光と結晶で発生する光が相互作用するようになり,誘導放出が起こります.実際にも誘導放出させるために反射鏡の役割をする共振器が結晶内部に備えられます.

　実は誘導放出を起こすためにはもう一つ重要な条件があります.それは反転分布状態を作る必要があることです.反転分布というのはエネルギーの高い ($\mathcal{E}_2$) 状態の励起状態にある発光中心の密度 N_2 が,エネルギーの低い ($\mathcal{E}_1$) 基底状態の発光中心の密度 N_1 より大きい分布状態のことです.つまり誘導放出が起こるためには,$N_2 > N_1$ の関係が成り立つ必要があります.ところが,熱平衡状態ではエネルギーの高い状態の密度 N_2 は,低い状態の密度 N_1 より低くなりますので,反転分布の状態は普通の状態とは逆の異常な状態です.

　平衡状態における励起状態と基底状態の密度の比 N_2/N_1 は,次の式で表されます.

$$\frac{N_2}{N_1} \propto e^{-(\mathcal{E}_2-\mathcal{E}_1)/k_B T} \tag{10.26}$$

この式 (10.26) によれば，上に述べたように，$\mathcal{E}_2 > \mathcal{E}_1$ のときには N_2/N_1 の値は 1 より小さくなり $N_2 < N_1$ となります．これを逆転させて $N_2 > N_1$ の関係を充たすには，式 (10.26) の温度 T が負でなくてはなりません．したがって，反転分布の状態は負温度の状態になります．だから，レーザ発振を起こさせるには負温度状態を作り出さなければなりませんが，このことが実現しているのです．

共振器を備え誘導放出を起こして放射する光はレーザ (Laser: light amplification by stimulated emission of radiation) と呼ばれます．レーザによって発生する光は位相が揃っているのでコヒーレント (coherent) な光といわれます．このような光の場合には，位相の揃った強度の大きい光を得ることができます．レーザ光を発生させる装置もレーザと呼ばれることがあります．最初のレーザの開発にはルビー結晶に不純物 Cr^{3+} をドープしたルビー (Al_2O_3: Cr^{3+}) が使われましたので，最初のレーザはルビーレーザと呼ばれています．

▶発光素子

電気エネルギーを光エネルギーに変換する素子 (装置) が一般に発光素子と呼ばれ，主なものとしては半導体の p–n 接合を使った発光ダイオードや半導体レーザ (ダイオード) があります．発光ダイオードは自然放出を利用したものであり，レーザ・ダイオードは誘導放出を使った発光素子です．なお，半導体レーザはレーザ・ダイオードとも呼ばれますので，両者は同じものです．

▶発光ダイオード

発光ダイオードは p–n 接合を作り，n 側に負電極，p 側に正電極を接続して，二つの電極間に電位差を与えて電子と正孔を再結合させ光が放出するようにした半導体素子です．この p–n 接合では電極に印加した電圧が半導体の禁制帯幅 E_g に対応する電圧を越えたあたりから電流が流れ始めます．すなわち，n 極から電子が，p 極から同じ数だけの正孔が接合近傍の発光層へ注入されます．

こうして発光層へ注入された電子と正孔は最初プラズマ状態を作りますが，約 10[ns] の非常に短い時間に再結合して消滅し，プラズマの大部分のエネルギーは光となって自然放出されます．このように発光する半導体素子 (デバイス) は発光ダイオード (LED: light emitting diode) と呼ばれます．

▶レーザ・ダイオード

レーザ・ダイオードの p–n 接合は高濃度のドナーやアクセプタ不純物がドープ (添加) された，いわゆる縮退した半導体と呼ばれる半導体で作られています．縮

退した半導体ではフェルミ準位が，n 形では伝導帯に入り込み，p 形では価電子帯に入り込んでいます．

だから，こうした縮退した半導体同士で作られた p–n 接合では，エネルギーバンド図は図 10.13(b) に示すようになります．注意して欲しいのですが，図 10.13(b) では順バイアスを加えた状態を示しています．比較のために普通の発光ダイオードの場合の順バイアスを加えた p–n 接合の場合のエネルギーバンド図も図 10.13(a) に示しています．

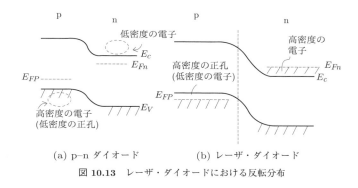

(a) p–n ダイオード　　　(b) レーザ・ダイオード
図 **10.13**　レーザ・ダイオードにおける反転分布

発光ダイオードの p–n 接合は通常の半導体で作られていますので，大部分の電子は価電子帯に存在し，伝導帯には低密度しか存在していません．

だから，発光ダイオードでは，10.13(a) に示すように，電子密度は伝導帯で低く，価電子帯で高くなっています．しかし，図 10.13(b) に示すレーザ・ダイオードの p–n 接合の場合には，キャリアになる不純物を高濃度にドープした縮退した半導体が使われており伝導帯の下端近傍と価電子帯の上端近傍で電子密度を比べると，伝導帯で高く，価電子帯で低くなっていて，電子密度が上下逆転しています．正孔の密度についても同様なことが言えます．この結果，縮退した半導体で作られているレーザ・ダイオードの p–n 接合では電子や正孔のキャリア密度が上下逆転した一種の反転分布の状態が実現しています．

レーザ・ダイオードの反転分布を形成する条件を式で表すと，図 10.13(b) を参照して，次のようになります．

$$\mathcal{E}_g < h\nu' < E_{Fn} - E_{Fp} \tag{10.27}$$

ここで，$\mathcal{E}_g$ は半導体の禁制帯幅，ν' は外から入ってくる光の振動数，だから，$h\nu'$ はこの光のエネルギーです．E_{Fn} と E_{Fp} は順バイアスした状態，すなわち励起

状態における n 領域と p 領域のフェルミ準位です．これらのフェルミ準位は擬フェルミ準位と呼ばれます．

そして，レーザ・ダイオードでは光を増幅するための共振器には，発光物質である材料結晶の，(発振を起こしている領域の) 両側の平行な劈(へき) 界面が使われます．

10.2.5 光電効果

光電効果 (photoelectric effect) は金属表面を光で照射したとき，表面近くの金属物質の電子が，光のエネルギーを吸収して，金属の外へ飛び出す現象です．この現象は 1887 年にヘルツ (Herz) によって発見されました．そして，この現象について物理的に完全な解釈を行ったのはアインシュタイン (Einstein) です．

アインシュタインは光電効果の説明に量子論を持ちこみ成功しました．いま，金属を照射する光の振動数を ν とします．量子論では光は波であると共に粒子ですから，入射光を光粒子 (フォトン) として取り扱うと，このフォトンは $h\nu$ のエネルギーを持っています．光で金属を照射すると，フォトンは金属表面からわずかに内部へ侵入します．そしてフォトン (光子) のエネルギーが表面近くの金属の電子に与えられます．

金属内部の電子が外に飛び出すには，電子は金属の仕事関数 ϕ のエネルギー $q\phi$ 以上のエネルギーを持たねばなりません．いまの場合，光照射によって電子に与えられたエネルギーは $h\nu$ ですから，電子が金属の内部から外に飛び出すには，次の条件が充たされる必要があります．

$$h\nu - q\phi > 0 \tag{10.28}$$

そして，次の式

$$\mathcal{E} = h\nu - q\phi > 0 \tag{10.29}$$

で与えられる $h\nu$ と $q\phi$ の差のエネルギー $\mathcal{E}$ が金属から外へ飛び出す電子 (これは光電子と呼ばれます) に付与されるエネルギーになります．光電子は電子ですから金属の表面を移動すれば電流が流れますが，この電流は光電流と呼ばれます．そして，電流の流れる現象は光導電 (photoconductivity) 現象と呼ばれます．

光導電現象は半導体において顕著に起こります．半導体における光電子の発生メカニズムは，次のいずれかによっています．すなわち，それらは①価電子帯の電子が伝導帯へ光励起される，②ドナーに捕えられた電子が伝導帯へ光励起される，または③アクセプタに捕えられた正孔が価電子帯へ光励起されるか，のいず

れかです.

　光強度の測定には光電管と呼ばれる，光電効果を利用した真空管が使われることもありますが，最近では半導体物質の硫化カドミウム CdS を使い，光導電の原理を使って作られたフォトダイオードが用いられています．フォトダイオードで測定される光は上記の①のメカニズムで発生する電子に対応する光 (フォトン) です．

10.2.6 光起電力および太陽電池

　半導体に光を照射すると光起電力が生じますが，この現象は光起電力効果 (photovoltaic effect) と呼ばれます．光起電力の発生の代表的な例は，次の二つの場合です．

① 金属と半導体の接触部に光を照射して起電力が発生する場合．
② 半導体の p–n 接合に光を照射して起電力が発生する場合．

①の場合の光起電力が利用されてセレン光電池が開発されています．また，②の場合ではシリコンなどの半導体を利用して太陽電池が開発されています．

　太陽電池では図 10.14(a) に示す p–n 接合の表面に光を照射します．すると p 形領域に付けた電極と n 形領域に付けた電極の間に以下のメカニズムで起電力が発生しますが，この起電力の発生によって電力が得られます．

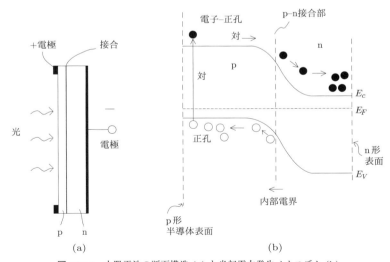

図 10.14　太陽電池の断面構造 (a) と光起電力発生メカニズム (b)

(光) 起電力の発生メカニズムは次のようになっています. すなわち, 図 10.13(a) に示すように, n 形領域の上に薄膜状の薄い p 形層を設けた p–n 接合を作ることによって太陽電池が得られます. この太陽電池の p 形の表面に光を照射します. すると, (a) 電子–正孔対が p 形の表面において作られ, (b) この電子–正孔対が拡散して接合に移動します. 接合部に達した電子–正孔対は, (c) 接合部に存在する (p–n 接合の) 内部電界によって, 電子は右方向へ移動して n 形領域の表面に集まります. (d) 一方, 正孔は左側の p 形の表面側に移動し, p 形表面に集まります. こうして, (e) n 形領域の n 電極は負に, p 電極は正になって n 電極と p 電極の間に起電力が発生します.

起電力が発生している状態において太陽電池の n 電極と p 電極を配線でつなぐと, 両電極の間に電流が流れるので電流を取り出すことができます. この電流は光照射が多くなると多く流れます. だから, 太陽電池によって得られる電力量は太陽の照射光の強度と照射時間に比例します.

演 習 問 題

10.1 超伝導にはマイスナー効果があり, 磁気を排除する性質がある. 一方, 電流には電流が流れると磁力線を放出して磁気が生じる性質がある. これでは超伝導電流は超伝導体の試料を流れることができないことになりそうであるが, 実際には流れるがなぜか？

10.2 超伝導を担うキャリアの密度 n を $n = 8 \times 10^{28}$[cm^{-3}], 電子の電荷 q を $q = 1.6 \times 10^{-19}$[C], 電子の質量 m_e を $m_e = 9.11 \times 10^{-31}$[kg], 透磁率 μ_0 を $\mu_0 = 4 \times 10^{-7}$[H/m] として, ロンドンの侵入距離 λ_L を計算せよ.

10.3 中間状態と混合状態の違いについて説明せよ.

10.4 酸化物高温超伝導体のキャリア密度は酸化物なので金属系の超伝導体と比べてその値がかなり小さいが, このことはこの超伝導体が第一種超伝導体であるか, 第二種超伝導体であるか, ということにどのように影響するか？ 酸化物高温超伝導体のキャリア密度 n を $n = 2 \times 10^{27}$[m^{-3}] と仮定して答えよ.

10.5 式 (10.18) では光子 (フォトン) の運動量 $\boldsymbol{p}$ は $\boldsymbol{p} = \hbar \boldsymbol{k}$ で表されている. しかし, 運動量 $\boldsymbol{p}$ の絶対値は $p = h/\lambda$ の式でも表される, とされている. このことの妥当性を説明せよ.

10.6 励起子は電子と正孔が対を作っている複合粒子であるが, 電子は伝導帯にあり, 正孔は価電子帯に存在する. 両者は別々の帯 (バンド) に存在するので, ちょっと考えると, 対は作れないように感じる. それなのに, 電子–正孔対が形成されるのはなぜか？

10.7 ルミネッセンスでは発光波長は，励起光の波長よりも長くなるというストークスの法則があるが，これはなぜか？

10.8 レーザ発振が起こるためには反転分布が必要であるが，この状態は平衡状態ではなく非平衡状態と言われる．なぜ，この状態が非平衡状態であるかを，通常の発光ダイオードの場合と比較して説明せよ．

演習問題の解答

1章

1.1 物質はその状態が結晶であるかどうかで，性質が大きく異なる．たとえば，ダイヤモンドと炭 (すみ) は共に原料は炭素 (原子) であるが，ダイヤモンドは硬く，かつ強靭で折れない．しかし，炭は柔らかいのに折れやすい．この違いは炭素原子がどのような結合をしているかに依存している．つまり，ダイヤモンドでは炭素原子が結晶を構成していて強固な原子の結合になっているが，炭 (すみ) は結晶結合をしていない．結晶がどのように作られるかは原子の結合に依存している．そして，原子がどのような結合を作り，それがどのような結晶構造をとるかには，電子の働きが重要な鍵になっている．

1.2 エネルギー準位は単独の原子などの，エネルギーのとりうる値を表し，とびとびの線で示されるエネルギーの値である．一方，エネルギーバンドは接近した多くの原子で作られる電子の準位 (エネルギー) が束になったもので，結晶など固体の中の電子が持つエネルギーの存在領域を示している．

1.3 物質はエネルギーが低くなるほど安定である．原子は個々に存在するよりは，原子同士がお互いに結合した方が，物質のエネルギーが低い状態になるからである．

1.4 銅の原子は金属結合をしている．金属結合では多くの電子が多くの金属の正イオンの周りを動き回ることによって結合が成り立っているので，金属結合は比較的緩やかな原子の結合で成り立っている．したがって，銅の結合に与かっている電子やこれが取り巻く原子は動きやすい．このために金属結合している銅は柔らかいのである．一方，ダイヤモンドは共有結合をしていて，原子同士が指向性を持って強く結合しているため原子が容易に動けないので硬くて曲がりにくいのである．

1.5 イオン結合では正電荷を持つ原子と負電荷を持つ原子がクーロン力によって強く結び付けられている．一方，ファン・デル・ワールス結合は，誘導双極子と呼ばれる，電荷分布の時間的なゆらぎに基づく不安定な双極子による結合のために，この結合は弱い結合になっているのである．

2章

2.1 x 軸と y 軸の切片は 0.5 であるから，これの逆数は 2 となる．また，z 軸との切

片は無限大で存在しないが，あえて示すと ∞ になり，この逆数は 0 となる．したがって，面の指数は (220) となるが，最小比をとってミラー指数は (110) となる．

2.2 塩化セシウム結晶の単位胞には，中心に 1 個と，8 個の角に 1 個ずつの原子がある．角の原子はこれを囲む周辺の 8 個の単位胞で共有しているので，一つの格子あたりの原子数は 1/8 になる．したがって，単位胞に含まれる原子数は，$1 + 8 \times (1/8) = 2$ と計算できるので，2 個である．

2.3 シリコン結晶の単位胞は (単位胞の) 内部に 4 個，角に 8 個，面心に 6 個の原子を含んでいる．角 (かど) の原子の状況は前問の場合と同じなので，一つの格子あたりの原子数は 1/8 である．また，面心の原子は，面に接する 2 個の格子で共有するので一つの格子あたりの原子数は 1/2 となる．したがって，単位胞に含まれる原子の個数は，$4 + 8 \times (1/8) + 6 \times (1/2) = 8$ と計算できるので 8 個である．

2.4 1 辺が $1[\mu m]$ の立方体の体積は $(1 \times 10^{-6}[m])^3 = 1 \times 10^{-18}[m^3]$ である．また，1 辺が $3.56[\text{Å}]$ のダイヤモンド結晶の単位胞の体積は $(3.56 \times 10^{-8}[m])^3 = 45.12 \times 10^{-24}[m^3]$ である．したがって，1 辺が $1[\mu m]$ の立方体に含まれるダイヤモンド結晶の単位胞の数は $(1 \times 10^{-18}[m^3])/(45.12 \times 10^{-24}[m^3]) = 2.22 \times 10^4$ 個と計算できる．

2.5 連続した 1 本の転位線ではバーガースベクトルは一定になるので，刃状転位とらせん転位のバーガースベクトル $\boldsymbol{b}$ の方向をある方向に定めると，これら二つの転位線の角度は 90° になるので，くの字の形の転位線に刃状転位とらせん転位が同時に含まれることはない．したがって，くの字に観察された転位線は，刃状転位と混合転位で構成されているか，または，らせん転位と混合転位で構成されているかのいずれか，または混合転位であると推察される．

3 章

3.1 光のエネルギー $\mathcal{E}$ の平均値は本文の式 (3.2) を使って計算できるが，この場合には n はゼロから始まるので，エネルギー $\mathcal{E}$ の平均値 $\langle \mathcal{E} \rangle$ は次の式で与えられる．

$$\langle \mathcal{E} \rangle = \frac{\sum_{n=0} nh\nu e^{-n\beta h\nu}}{\sum_{n=0} e^{-n\beta h\nu}} \tag{P.1}$$

ここで，コメントに従って $x = e^{-\beta h\nu}$ とおくと，式 (P.1) は次のように展開できる．

$$\langle \mathcal{E} \rangle = h\nu \frac{\sum_{n=0} nx^n}{\sum_{n=0} x^n} = h\nu \frac{x + 2x^2 + 3x^3 + \ldots}{1 + x + x^2 + \ldots}$$

コメントの式 (M3.1) の関係を使うと，$n \to \infty$ としてこの式は次のように計算できる．

$$= \frac{h\nu (1 + x + x^2 + \ldots)(x + x^2 + x^3 + \ldots)}{1 + x + x^2 + \ldots}$$

$$= h\nu (x + x^2 + x^3 + \ldots) = h\nu \sum_{n=1} x^n = h\nu x (1 + x + x^2 + x^3 + \ldots)$$

$$= h\nu \left(\frac{x}{1-x} \right) \tag{P.2}$$

ここで，x を元に戻すと，式 (P.2) で表されるエネルギー $\mathcal{E}$ の平均値 $\langle \mathcal{E} \rangle$ は，次のようになる．

$$\langle \mathcal{E} \rangle = h\nu \frac{e^{-n\beta h\nu}}{1-e^{-n\beta h\nu}} \tag{P.3}$$

この式 (P.3) の右辺の式の分子と分母を $e^{-n\beta h\nu}$ で割り，β を $1/k_B T$ に戻すと，エネルギー $\mathcal{E}$ の平均値 $\langle \mathcal{E} \rangle$ として，次の式が得られる．

$$\langle \mathcal{E} \rangle = h\nu \frac{1}{e^{nh\nu/k_B T}-1} \tag{P.4}$$

エネルギー $\mathcal{E}$ の平均値として得られた式 (P.4) の分数式は，本文の式 (3.17) で示したボース分布の式と同じ形をしていることがわかる．今回の計算結果は，光 (光子 = フォトン) の集団はボース粒子の集団であることを示している．

4 章

4.1 題意の波 y_1 と y_2 をサイン関数の加法定理を使って加え合わせると次のようになる．$y_1 + y_2 = A\{\sin(\omega t - kx + \delta_1) + \sin(\omega t + kx + \delta_2)\} = 2A\{\sin[\omega t + (\delta_1 + \delta_2)/2]\cos[kx - (\delta_1 - \delta_2)/2]\}$．この波は sin 関数が x の関数ではなくなっているので，進行波ではないことがわかる．この波は振幅が $2A\cos[kx - (\delta_1 - \delta_2)/2]$ の，同じ位置で単振動する波の定在波である．

4.2 波数ベクトル k の x 成分である k_x について考えると，$\exp(ik_x L) = 1$ の関係はオイラーの公式 ($e^{i\theta} = \cos\theta + i\sin\theta$) を使うと，$\exp(ik_x L) = \cos(k_x L) + i\sin(k_x L)$ と書けるので，題意に従って $\exp(ik_x L) = \cos(k_x L) + i\sin(k_x L) = 1$ の関係が成り立たなければならない．このためには $\sin(k_x L)$ が 0 で，$\cos(k_x L)$ が 1 になればよい．この条件が n が 0 を含む整数として $k_x L = 2\pi n$ の関係が充たされればよいので，k_x は $k_x = (2\pi n)/L$ となる．$n = n_i$ とおくと，$k_x = (2\pi/L)n_i$ となる．同様にして，$k_y = (2\pi/L)n_j$，$k_z = (2\pi/L)n_k$ となる．

4.3 フェルミエネルギー E_F の値は本文の式 (4.23) を使えばよいので，次のように計算できる．すなわち，フェルミエネルギー E_F の式，$E_F = (\hbar^2/2m)(3\pi^2 N/V)^{2/3}$ に各数値を代入すればよいが，式が複雑なので項目別に分けて整理して書くと，$\hbar^2 = (h/2\pi)^2 = (1.055 \times 10^{-34}[\text{J}\cdot\text{s}])^2 = 1.113 \times 10^{-68}[\text{J}^2\cdot\text{s}^2]$，$\hbar^2/2m = (1.113 \times 10^{-68}[\text{J}^2\cdot\text{s}^2])/(2 \times 9.11 \times 10^{-31}[\text{kg}]) = 6.109 \times 10^{-39}[\text{J}\cdot\text{m}^2]$ となる．また，$3\pi^2 N/V = 3 \times 9.8686 \times 5.90 \times 10^{28}[\text{m}^{-3}] = 1.747 \times 10^{30}[\text{m}^{-3}]$，$(1.747 \times 10^{30}[\text{m}^{-3}])^{2/3} = 1.45 \times 10^{20}[\text{m}^{-2}]$ となるので，これらを E_F の式に代入すると，$E_F = 6.109 \times 10^{-39}[\text{J}\cdot\text{m}^2] \times 1.45 \times 10^{20}[\text{m}^{-2}] = 8.858 \times 10^{-19}[\text{J}]$．単位を [eV] に変換すると，フェルミエネルギーは $E_F = (8.858 \times 10^{-19}[\text{J}])/(1.602 \times 10^{-19}[\text{J/eV}]) = 5.53[\text{eV}]$ と求まる．

5 章

5.1 $\hbar = h/2\pi, \omega = 2\pi\nu$ となるので，この関係を使って $\hbar\omega$ を計算すると，$\hbar\omega = (h/2\pi) \times 2\pi\nu = h\nu$ と計算できる．

5.2 フェルミ温度 T_F は本文の式 (5.36) に示してあるように，$T_F = E_F/k_B$ で表されるので，この式に銅 Cu のフェルミ準位 E_F の値 7.06[eV] を代入すると，$T_F = (7.06 \times 1.6 \times 10^{-19}[\text{J}])/1.38 \times 10^{-23}[\text{J/K}] = 8.19 \times 10^4[\text{K}]$ と求まる．

5.3 題意に従って，本文の式 (5.32) を使うと，デバイの角周波数 ω_D は $\omega_D = \Theta_D k_B/\hbar$ となるので，Al の場合に $\Theta_D = 428[\text{K}]$ としてこの式に適用すると，$\omega_D = (428[\text{K}] \times 1.38 \times 10^{-23}[\text{J/K}])/\{(1/6.28) \times 6.626 \times 10^{-34}[\text{J} \cdot \text{s}]\} = 5.60 \times 10^{13}[\text{s}^{-1}]$ となる．

5.4 本文の式 (5.33) を見ると，x_D はデバイ角周波数 ω_D に比例するので，x_D の値に上界があるということはデバイ角周波数 ω_D の値に上限値があることを意味している．角周波数 ω は周波数 f を使って $\omega = 2\pi f$ と書けるので，角周波数の値に上限があるとは，振動周波数 f に上限があるということである．振動子によって起こる弾性波の波長を λ，波の速度を v_s とすると，v_s は $v_s = \lambda f$ の関係があるので，振動数 f は $f = v_s/\lambda$ で表される．したがって，振動数に上限があることは弾性波の波長に下限の値があることを意味している．だから，角周波数 ω に上限値があるということは，対応する振動波の波長に最短波長があることを意味している．

5.5 角周波数に上限があることは周波数に上限があることと意味し，このことは前問の 5.4 の解答によって，振動する弾性波の波長に下限の値があるが，これはある波長以下では格子振動が起こらないことを示している．

なぜなら，格子の中で振動する波の場合には波長 λ が，格子の間隔以下の場合は振動できないからである．だから，最短の振動波長 λ は格子の間隔とみなすことができる．フォノンの速度は音速になるので，固体物質として金属の Al を想定すると，音速は 6420[m/s] となる．いま，格子の間隔 d を $d = 4 \times 10^{-10}[\text{m}]$ とし，限界波長 λ を $\lambda = d = 4 \times 10^{-10}[\text{m}]$ とおいて周波数 f を計算すると $f = v_s/\lambda = 6420[\text{m/s}]/(4 \times 10^{-10}[\text{m}]) = 1.6 \times 10^{13}[\text{s}^{-1}]$ となる．

したがって，振動波の限界の角周波数 ω は $\omega = 2\pi f = 6.28 \times 1.6 \times 10^{13}[\text{s}^{-1}] = 1.00 \times 10^{14}[\text{s}^{-1}]$ となる．演習問題 5.3 の解答では，Al の場合のデバイ角振動数 ω_D は $5.60 \times 10^{13}[\text{s}^{-1}]$ となっているので，今回見積もった限界の角周波数の計算値はこの値の 2 倍になっているが，ほぼ近い値が得られていて妥当であると判断できる．

6 章

6.1 (a) 電子の密度 n は，題意に従って銅の密度 ρ_{Cu} を原子量 64 と陽子の質量 m_p の

積で割ればよいので，$n = \rho_{Cu}/(64m_p) = (8.9 \times 10^3 [\text{kg/m}^3])/(64 \times 1.6725 \times 10^{-27}) = 8.31 \times 10^{28} [\text{m}^{-3}]$，(b) 電子の平均速度 v は電流密度 $J(= nqv)$ を使って $v = J/nq$ となるが，J は題意により $J = (5 \times 10 [\text{A}])/(5 \times 10^{-6} [\text{m}^2]) = 1 \times 10^7 [\text{A/m}^2]$ なので，$v = (1 \times 10^7 [\text{A/m}^2])/(8.31 \times 10^{28} [\text{m}^{-3}] \times 1.602 \times 10^{-19} [\text{C}]) = 7.51 \times 10^{-4} [\text{m/s}]$ となる．単位計算：$[\text{Am/C}] = [\text{Cs}^{-1}\text{m/C}] = [\text{m/s}]$．(c) 電気伝導率 σ は式 (6.9b) で与えられるのでこの式を使うと，$\sigma = q^2 n \tau / m$ である．この式より電子の衝突の緩和時間 τ は，$\tau = (m\sigma)/(q^2 n) = \{(1.6725/1830) \times 10^{-27} \times 5.85 \times 10^7 [\Omega^{-1}\text{m}^{-1}]\}/\{(1.602 \times 10^{-19} [\text{C}])^2 \times 8.31 \times 10^{28} [\text{m}^{-3}]\} = 2.5 \times 10^{-14} [\text{s}]$ となる．単位計算：演算すると単位は $[\text{m}^2\text{kg/C}^2\Omega]$ となるので，$[\text{kgm}^2] = [\text{Ns}^2\text{m}]$，$[\text{C}^2\Omega] = [\text{C}^2\text{V/Cs}^{-1}] = [\text{CVs}]$，$\therefore [\text{Ns}^2\text{m/CVs}] = [\text{s}] (\because [\text{Nm}] = [\text{CV}])$．

6.2 式 (4.5) により，電子のエネルギーは $\mathcal{E} = (1/2m)\hbar^2 k^2$ となるので 1 階および 2 階微分は $d\mathcal{E}/dk = (\hbar^2 k)/m$, $d\mathcal{E}^2/dk^2 = \hbar^2/m$ となる．したがって，これを有効質量の式 (6.21b) $m^* = \hbar^2 (d^2\mathcal{E}/dk^2)^{-1}$ に代入すると，$m^* = \hbar^2 \times (m/\hbar^2) = m$ と m^* と m は等しくなる．

6.3 温度 300[K] の熱エネルギーは $\mathcal{E} = k_B T = 1.38 \times 10^{-23} [\text{J/K}] \times 300 [\text{K}] = 4.14 \times 10^{-21} [\text{J}]$ となるが，eV 単位に改めると $(4.14 \times 10^{-21})/(1.602 \times 10^{-19}) = 2.58 \times 10^{-2} [\text{eV}]$ となる．また，1500[K] における熱エネルギーは同様にして $(1.38 \times 10^{-23} [\text{J/K}] \times 1500 [\text{K}])/(1.602 \times 10^{-19} [\text{J}]) = 1.29 \times 10^{-1} [\text{eV}]$ となる．伝導帯に遷移できるキャリア密度は $e^{-E_g/k_B T}$ の値に比例するが，300[K] における Si の場合は，指数の $-E_g/k_B T$ の値が -44 となり，300[K] と 1500[K] における α–SiC の場合にはそれぞれ約 -116 と -23 になる．したがって，1500[K] における α–SiC の伝導率は 300[K] における Si の伝導率より桁違いに大きいことがわかる．したがって，1500[K] において α–SiC に電流が流れても不思議ではない．

7 章

7.1 結晶物質中で運動する電子は，結晶の中では電子波となって結晶格子の中を進行波として振る舞っているが，この電子波が結晶格子において格子面に対して 90° で入射した波は 180° の回折角で回折を起こす．すると反対向きの波が生じるので，電子波は (進行波と後退波で) 定在波を作り，定在波は前へは進めなくなる．つまり，自由に運動できる電子波ではなくなる．だから，90° でブラッグ反射を起こすような波数 k を持つ電子波は結晶の中で存在できない．電子の持つエネルギーがこのようになる領域が禁制帯である．だから，電子が，入射角が 90° で反射し回折を起こすような波数 k を持つとき電子のエネルギーに対して禁制帯が発生すると解釈できる．

電子波が $\pm k_n$ の近傍において 180° で回折を起こすときには，この波は進行波としては存在できないから，図 7.2 に示したように，$\mathcal{E}$–k 曲線は k 軸に対して平行になる．そしてこのとき禁制帯が発生する．回折角が 180° の近傍では $\mathcal{E}$–k 曲線の傾きは横 (k) 軸に漸近するから，$\mathcal{E}$–k 曲線は図 7.2 に示すように変形する．これを還元ブリリアン・

ゾーン形式で表すと，図 7.3 に示すようになるので，禁制帯よりエネルギーが高い領域で，$\mathcal{E}$–k 曲線が下に凸の形の伝導帯が生じる．一方，禁制帯よりエネルギーが低い領域では $\mathcal{E}$–k 曲線が上に凸の価電子帯が発生する．

7.2 質量作用の関係式 $pn = n_i^2$ により，少数キャリア密度の正孔密度 p は $p = n_i^2/n =$ $1.45^2 \times 10^{20}[\text{cm}^{-6}]/(1 \times 10^{16}[\text{cm}^{-3}]) = 2.1 \times 10^{4}[\text{cm}^{-3}] (2.1 \times 10^{10}[\text{m}^{-3}])$ と求められる．

7.3 原因は二つ考えられる．一つは不純物半導体が存在する雰囲気の温度が著しく低いために，熱エネルギー $k_B T$ が小さくなったことである．このためボロン原子をドープして発生させたアクセプタ準位に価電子帯から電子を励起する熱エネルギーが不十分になり，準位に励起される電子密度が低くなっている．この結果，価電子帯にアクセプタ濃度以下の正孔密度しか生じなかった可能性である．もう一つの原因は，結晶に B 原子を添加 (ドープ) するときの熱処理温度が低すぎたために，ドープした不純物の B 原子の全部を Si 結晶の置換位置に入れることができなかった．すなわち，B を結晶に完全にドープすることに失敗した (すべての B 原子をイオン化できなかった) 可能性である．

7.4 浅い準位はバンド端からのエネルギー差が小さいので，ドープすることによって生じるキャリアが容易にバンドと不純物準位の間を行き来できる．すなわち，n 形不純物をドープした場合はドナー準位の電子が容易に伝導帯に遷移できて伝導電子が発生し，p 形不純物のドープでは価電子帯の電子が容易にアクセプタ準位に遷移でき，荷電子帯に正孔が生じる．一方，深い準位が存在すると，たとえば伝導帯の伝導電子がエネルギーを放出して深い準位に遷移したとき，電子がそのまま深い準位に捕獲される確率が高くなる．その結果，伝導帯のキャリア密度が減少する．また，深い準位をとび石にして，伝導電子 n が伝導帯から価電子帯へ移って正孔 p と再結合する確率も高まるが，これらのキャリアの減少現象は少数キャリアにとって有害である．

8 章

8.1 人間の汗に食塩が含まれていることと，半導体デバイスの特性には ppb(10 億分の 1) 以下の極めて微量な不純物も有害なので，手が触れるだけで半導体は食塩によるアルカリ汚染被害を起こす．すなわち，ナトリウムイオン Na^+ が半導体の表面から侵入して半導体デバイスの中に取り込まれ，製造されるデバイスの動作が狂うのである．

8.2 フェルミ分布 $f(\mathcal{E})$ について考えると，正孔密度は価電子帯の上端で $1 - f(0)$ となり，伝導電子密度は伝導帯の下端で $f(\mathcal{E}_g)$ となるので，題意により $\{1 - f(0)\} \times 2 = f(\mathcal{E}_g)$ の関係が成立する．この式に式 (8.1) の関係を代入して計算すると，$e^0 > e^{(\mathcal{E}_g - 2\mathcal{E}_F)/k_B T}$ の関係が得られる．この式より $\mathcal{E}_F > \mathcal{E}_g/2$ の関係が得られるので，フェルミ準位 $\mathcal{E}_F$ の位置は伝導帯下端 (の準位)$\mathcal{E}_C$ と真性フェルミ準位 $\mathcal{E}_i$ の間にくる．

8.3 この説明では p–n 接合に発生する内部電位 ϕ_{bi} とキャリアの拡散の考えが全く使われていない．平衡状態の p–n 接合は内部電位 ϕ_{bi} によってキャリアの拡散による移動が止められている状態である．だから，p 側が n 側に対して正電位になるように順バイ

アス (電圧) を p–n 接合に加えると，障壁の高さが下がり，平衡状態が破れ (伝導電子は n 側から p 側へ，正孔は p 側から n 側へ) キャリアの拡散による移動が起こるのである．俗説を使っても，p–n 接合の電流の動きは一応説明できるが，この考えは複数の p–n 接合で構成されるバイポーラ・トランジスタの動作の説明には全く無力で，通用しない．このように，俗説は一般的には正しくないのである．

8.4 図 M8.2 に示されているように，p 領域のエミッタを n 領域のベースに対して正電位にすると，エミッタ–ベース p–n 接合では p–n 接合の障壁のポテンシャル (高さ) が ϕ_{bi} から $\phi_{bi} - V_F$ に下がり，平衡状態が破れて正孔がベース領域へ注入される．ベース領域に注入された正孔は，ベース幅が極めて狭い ($1[\mu m]$ 以下) ので伝導電子と再結合を起こすことなく，ベース領域を拡散して容易に隣のベース–コレクタ接合に達する．すると，コレクタ電極はマイナス電位になっているので，図 8.7 に示すように障壁のポテンシャルは逆バイアスのために高く ($\phi_{bi} + V_R$) なっているが，(ベース–コレクタ) 接合に達した正孔はコレクタ電極の負電位 (電界) に引き寄せられて，コレクタ電極に到達する．この結果，エミッタからコレクタへ電流が流れ始め，p–n–p トランジスタの動作が始まる．

8.5 p–n 接合ダイオードは交流を直流に換える整流作用などを持つ半導体デバイスである．一方，MOS ダイオードは金属電極と半導体で (絶縁物の) 酸化膜をサンドイッチした構造の一種の容量可変のコンデンサで，MOS コンデンサ (または MOS キャパシタ) と呼ばれている．MOS コンデンサは静電容量が，ゲート電圧の大きさによって変化するので可変容量コンデンサになっている．

8.6 例えば，n チャネル MOS トランジスタでは，ソースをアースに落とし，ドレイン端子にプラス電圧を加えた状態で，ゲート電極に電圧を加えて動作させるようになっている．この状態でゲート電圧 V_G を反転しきい値 V_{th} より大きくすると，ゲート下に n 形反転層が発生し，n チャネルが形成されて，ゲート下の半導体が両隣の (n 形拡散層の) ソースとドレインが電気的につながる．だから，ドレイン電圧をプラスにするとドレインからソースへドレイン電流が流れるようになる．この際，チャネルのキャリア密度が高いほどチャネル領域の抵抗値が下がり，ドレイン電流はよく流れるが，チャネルのキャリア密度は反転層のキャリア密度であるから，ゲート電圧 V_G の値が大きいほどチャネルのキャリア密度が増大しドレイン電流がよく流れるのである．

9 章

9.1 アンペールの右ねじの法則によれば，磁力線は電流の流れる方向に対して右回りに発生する．図 9.1 では電流は下から上方向に流れているので，下から上方向に見上げるようにして磁力線の発生状況を観察しなければならない．しかし，このことを意識しないで，普通にこの図を見ると磁力線の発生の様子を上から下方向に眺めることになり，左回りに磁力線が発生しているように見える．だから，この図は正しい．

9.2 すべての物質はスピンを持っているので物質には多くのスピンがあるが，これら

のスピンの磁気モーメントの向きが揃わないと磁気は現れない．物質は温度による熱エネルギーを持っており，熱運動によってすべてのスピンの磁気モーメントはランダムな方向を向いている．したがって，一般には物質は磁気を示さない．スピンの向きが一定の方向に揃うには，物質にスピンの磁気モーメントが自然に一定の方向に揃う性質，すなわち自発磁化の性質がなければならない．

9.3 まず，強磁性とフェリ磁性の違いは，強磁性の磁気モーメントが大きさも方向も同じで共にそろっているのに対して，フェリ磁性の磁気モーメントは大きさが異なっていて，方向が隣同士で互い違いに逆向きになっていることである．似ている点は向きのそろったスピンによって共に大きな磁気を示すことである．しかしフェリ磁性では互い違いに逆向きに並ぶスピンの大きさに差があるために，その差分だけが外部に磁気となって現れている．

9.4 間隙が真空の場合の電束密度 D は $D = \sigma_t$ となる．また，間隙が誘電体の場合の電界を E_d とすると，E_d は $E_d = (\sigma_t - \sigma_p)/\epsilon_0$ となる．この式より $\sigma_p = |\boldsymbol{P}|$ の関係も使って，$\epsilon_0 E_d = D - P$，または $D = \epsilon_0 E_d + P$ の関係が得られる．また，$E_d = \sigma_t/\epsilon$ の関係があるので，$\sigma_t/\epsilon = (\sigma_t - \sigma_p)/\epsilon_0$ の関係，さらには $\epsilon = \{\sigma_t/(\sigma_t - \sigma_p)\}\epsilon_0$ が得られる．最後の ϵ を表す関係式と最初に求めた E_d の式を使って間隙が誘電体の場合の電束密度 D_d を求めると，$D_d = \epsilon E_d = \{\sigma_t/(\sigma_t - \sigma_p)\}\epsilon_0 \times \{(\sigma_t - \sigma_p)/\epsilon_0\} = \sigma_t = D$ となり，間隙が真空の場合の電束密度 D と同じになることがわかる．

9.5 強誘電体は，多くの同じ方向を持つ小領域の自発分極領域，つまりドメインで構成されているが，各ドメインの分極 P は電界を加えないときにはランダムな方向を向いている．しかし，強誘電体に電界 E を加えると，電界と同じ方向を持つ分極 P のドメインの面積が増大する．その結果，磁気のヒステリシス曲線の場合と同様に，分極 P は加える外部からの電界 E に対して，図 9.11 に示したようなヒステリシスループを描くのである．

10 章

10.1 第一種超伝導体では表面に磁界の侵入が許される常伝導相の領域が存在するので，表面のごく近傍に限られるが，この部分では超伝導電流が流れることができる．だから，第一種超伝導体では超電流の流れる箇所は全体のほんの一部ということになる．しかし，第二種超伝導体では磁界が磁束量子の形で超伝導の内部に入り，この部分は常伝導状態になるが，その周りを超伝導電流が流れることができる．だから，超伝導電流が増し磁界が強くなっても，内部全体が磁束量子で充たされるまで超伝導状態が維持される．このため超伝導電流の流れる領域は第一種超伝導体の場合と比べて格段に広い．したがって，第二種超伝導体では大量の超伝導電流を流すことができる．

10.2 ロンドンの侵入距離 λ_L は $\lambda_L = \{m/(\mu_0 n q^2)\}^{1/2}$ で表されるので，これに従って計算すると，まず，超伝導を担うキャリアは電子対なので電荷 q は $2q$ になり，$\mu_0 n (2q)^2 = 4\pi \times 10^{-7} \times 8 \times 10^{28} \times 4 \times 1.6^2 \times 10^{-38} [\mathrm{H/m}][\mathrm{m}^{-3}][\mathrm{C}^2] = 1.03 \times 10^{-14} [\mathrm{Hm}^{-4}\mathrm{C}^2]$

となる．キャリアの質量も同様に $m = 2m_e = 2 \times 9.1 \times 10^{-31}$[kg] として，$\lambda_L = \{1.767 \times 10^{-16}[\text{m}^2]\}^{1/2} = 1.33 \times 10^{-8}$[m] となる．単位計算は，[H/m][m^{-3}][C^2] = [Vs/A][m^{-4}][C^2] = [VC][s^2][m^{-4}] = [N][s^2][m^{-3}] = [kgm/s^2][s^2][m^{-3}] = [kgm^{-2}] となる．

10.3 まず，中間状態は第一種超伝導体において発生する状態で，混合状態は第二種超伝導体で起こる現象である．そして中間状態は試料の端などにおいて侵入する磁界の密度が高く，これが臨界磁界密度を越える領域で起こる現象によるもので，超伝導相と常伝導相が交互に出現する状態である．一方，混合状態は超伝導状態の試料に磁束量子が入り込みその箇所が，超伝導状態の試料の中で部分的に常伝導状態になる現象である．だから，混合状態は全体としては超伝導状態と常伝導状態が混在する状態である．

10.4 酸化物高温超伝導体のキャリア密度は酸化物の特徴としてキャリア密度が低い．題意に従ってロンドンの侵入距離 λ_L を計算すると $\mu_0 n(2q)^2 = 4\pi \times 10^{-7} \times 2 \times 10^{27} \times 4 \times 1.6^2 \times 10^{-38}$[H/m][m^{-3}][C^2] = 2.57×10^{-16}[Hm^{-4}C^2] となるので，$\lambda_L = \{0.708 \times 10^{-14}[\text{m}^2]\}^{1/2} = 8.42 \times 10^{-8}$[m] となる．確かにロンドンの侵入距離は 6 倍強に長くなっている．また，コヒーレンス長さ ξ_{GL} は短く金属系の 1/10 以下といわれているので，$\lambda_L \gg \xi_{GL}$ の関係が余裕を持って成立し，第二種超伝導体の条件 $\lambda_L > \xi_{GL}$ を十分すぎるほど満たしている．だから，酸化物高温超伝導体は強い第二種超伝導体ということになる．

10.5 波数ベクトル $\boldsymbol{k}$ は，絶対値をとると波数 k になるので，$|\boldsymbol{k}| = k$ と表される．波数 k は $k = 2\pi/\lambda$，エイチバー $\hbar$ は $\hbar = h/2\pi$ と表されるので，$\hbar k = (h/2\pi) \times (2\pi/\lambda) = h/\lambda$ となり，共に妥当なことがわかる．

10.6 伝導帯と価電子帯は共に電子の存在するエネルギー位置であって，空間的な位置を表しているわけではない．すなわち，電子と正孔は持っているエネルギーは異なるが，空間的には同じ位置に存在しているので，電子と正孔が対を作ることには支障はない．

10.7 上の準位から下の準位へ電子が遷移して光を放出するには，下の準位にある電子を上に持ち上げるエネルギーが必要であるがこれを行う光が励起光である．そして，上の準位にある電子が下の準位に移る (遷移する) 時に発生する光の波長が発光波長である．だから，励起光の波長と発光波長は同じでもよいように思われるが，実際には励起を起こすときや発光を起こすときに結晶の格子を振動させるなどしてエネルギーが熱的に失われるので，発光に使われるエネルギー (振動数) は励起波のエネルギー (振動数) より小さくなる．つまり，発光波長は励起波長よりも長くなるのである．

10.8 通常の発光ダイオードの場合では，エネルギー値の高い伝導帯の電子密度はエネルギーの低い価電子帯より低い．これが通常の平衡状態である．しかし，レーザ・ダイオードの場合に使う半導体は縮退した半導体であり，エネルギーの高い伝導帯の電子密度が荷電子帯の上部の電子密度より高くなっていて異常な状態である．つまり半導体によるレーザ・ダイオードではエネルギーの高い上の準位で電子密度が高く，低い下の準位で電子密度が低い非平衡状態で反転分布の状態が作られているのである．

索 引

1 次結合　14
2 次結合　14

BCS 理論　165

CMOS　133
CMOS トランジスタ　133

fcc　16

GL のコヒーレンス長さ　161
G–L の理論　162

hcp　16

k 空間　49

LSI　108, 133, 136

MIS 形　136
MOS 構造　122
MOS ダイオード　122
MOS 電界効果　122, 123
MOS 電界効果トランジスタ　122, 131
MOS トランジスタ　122, 131
MOS トランジスタの電流 I–電圧 V 特性　133

n 形半導体　91, 96, 97
　——のフェルミ準位　112
n チャネル　132
n チャネル MOS トランジスタ　131

n–p–n トランジスタ　128

p 形半導体　91, 97
　——のフェルミ準位　113
p チャネル　132
p–n 接合　117
　——の動作　118
　——の内部電位　117
p–n 接合ダイオード　118, 126
p–n–p トランジスタ　128

SQUID　172

YBCO　168

あ 行

アインシュタイン・モデル　69
アクセプタ　98
アクセプタ準位　98, 103
アクセプタ不純物　98, 104
浅い準位　34, 104
アボガドロ数　62
アモルファス　18, 27

イオン結合　12
位相速度　83
移動度　79, 80, 99, 128
井戸型ポテンシャル　7

ヴィーデマン–フランツの関係式　76
渦糸　163, 164

索引

渦電流　147
運動量空間　49

永久磁石　147, 148
永久双極子　14
エイチバー　46
エキシトン　175
エサキ・ダイオード　136
エネルギーギャップ　49, 167
エネルギー準位　2, 3, 7
エネルギー障壁　117, 118
エネルギー帯　3
エネルギー等分配則　61, 67
エネルギーの平均値　36
エネルギーバンド　3, 10
エミッタ　120, 128
エミッタ-ベース接合　120
塩化セシウム構造　23, 24
塩化ナトリウム構造　24
エンタルピー　62
エントロピー　37, 41
　——の増大法則　37

オーミック接触　116

か行

外因性半導体　96
界面エネルギー　161
界面欠陥　32
化学ポテンシャル　42
拡散　118
拡散電位　113, 116
価電子　8
価電子帯　87
下部臨界磁界　163
可変容量コンデンサ　122
還元ブリルアン・ゾーン　54, 94, 95
完全結晶　18
完全導電性　157
完全反磁性　158, 160
緩和過程　177

基礎吸収　176
基底エネルギー　66
基底準位　176, 177
起電力　184
逆格子空間　48, 49
逆格子ベクトル　49
逆バイアス　119, 127
逆バイアス電圧　119
逆方向電流　127, 128
キャリア　91
　——の拡散　118
　——の生成　105
　——を捕獲　106
キュリー温度　145
強磁性体　143-145
共有結合　11, 12
強誘電体　153-155
局在準位　33, 34, 103, 105, 135
許容帯　10, 50, 95
禁制帯　10, 50, 88, 95
金属　13, 75, 84, 87
金属結合　13

空間格子　19, 21
空孔　28
空帯　87
空乏　124
空乏層　117, 124, 125
屈折率　174, 175
クーパー対　166
群速度　82-84

蛍光　177
結合角　15
結合手　96
結晶　2, 3, 18, 23
結晶系　20
結晶格子　20
結晶構造　23-26
結晶方位　20-22, 26
結晶面　20-22, 26
結晶粒　26
結晶粒界　26, 32

索　　引

ゲート　122, 131, 132
ゲート長　131
ゲート電圧　123, 133
ゲート電極　122
原子の結合　11
原子分極　150

交換相互作用　143
交換相互作用エネルギー　143
光起電力　183
光起電力効果　183
格子間同種原子　28
格子間不純物　28
格子欠陥　28
格子振動　63–65
硬磁性材料　148
格子定数　23
格子点　19
格子比熱　67
抗磁力　146, 148
光電管　183
光電効果　182
光電子　182
光電流　182
光導電　182
固体のエネルギーバンド　10
固体のエネルギーバンド図　55
古典統計力学　38
コヒーレンス長さ　167
コヒーレントな光　180
固有領域　101, 102
コレクタ　120, 128
コレクタ電流　129, 130
混合状態　164
混合転位　31

さ　行

再結合　105
酸化物超電導体　168
残留磁化　146, 148
残留磁束密度　146

磁化　140, 159
磁界　140
磁化曲線　163
磁気　138, 140
しきい値電圧　132
磁化モーメント　140
磁気モーメント　138–140
磁区　140, 146
指向性　15
指向性結合　15
仕事関数　113
磁石　138, 147
磁性材料　147
自然放出　179
磁束　140
磁束密度　140, 141
磁束量子　163–165
実効状態密度　100
質量作用の法則　99
自発磁化　139, 144
自発磁気　139, 140
自発分極　153
周期ポテンシャル　47, 48
重金属不純物　109, 110
集積回路　108
縮退した半導体　180, 181
順バイアス　119, 127
順バイアス電圧　119, 127
小傾角粒界　32
常磁性　142
常磁性体　142
少数キャリア　91, 106, 109, 130
少数キャリアデバイス　130, 136
状態数　58
状態密度　59, 101
衝突の緩和時間　79–81
小捻じれ角粒界　33
消費電力　133
上部臨界磁界　163
ジョセフソン接合　172, 173
ショットキー欠陥　28
ショットキー障壁 (バリア)　113, 116
ショットキー・ダイオード　136

索　　引

真空準位　113–115
真空の誘電率　152
刃状転位　30, 31
真性キャリア密度　92, 100
真性電界発光　178
真性半導体　87–91
真性半導体のフェルミ準位　112
真性フェルミ準位　92

水素原子のエネルギー準位　8
スイッチング作用　126
スイッチング時間　128
スターリングの公式　42
ストークスの法則　178
スピン　6, 138, 139, 141–143
すべり面　30

正孔　91
生成電流　128
整流作用　126, 136
積層欠陥　32, 33
絶縁体　87, 88
接触電位　114
接触電位差　113, 115
セレン光電池　183
ゼロ点振動　66
閃亜鉛鉱構造　25
線欠陥　29

双極子　149
双極子結合　14
双極子モーメント　149
相互作用エネルギー　61
双晶境界　32
増幅作用　119, 126, 130
ソース　132

た　行

第一種超伝導体　158, 159, 161, 162, 164
帯磁率　141, 142
第二種超伝導体　161–165
ダイヤモンド構造　24

太陽電池　136, 183
多結晶　2, 18, 26
多重相合金　28
多数キャリア　91
多数キャリアデバイス　132, 136
単位胞　20, 23
ダングリングボンド　134, 135
単結晶　2, 18
炭素鋼　28
担体　91

蓄積　123
チャネル　131, 132
中間状態　159
鋳鉄　28
注入型電界発光　178, 179
超伝導　156
超伝導マグネット　172
調和振動　63, 64

定圧比熱　62
低温比熱　69, 73
定在波　48
定積比熱　62, 63
デバイ温度　72
デバイ角周波数　72
デバイスの信頼性　102
デバイ・モデル　72
出払い領域　101, 102
デュロン–プティの法則　63
電圧標準　173
転位　29
転移温度　145, 154
転位線　31
電界発光　178
電気抵抗　81, 87, 156
電気抵抗率　81
電気伝導　78, 87
電気伝導度　80, 99
電気伝導率　80
点欠陥　28
電磁石　147
電子親和力　115, 116

索　引

電子対　166, 169
電子の位置のエネルギー　6, 7
電子比熱　73, 74
電子分極　150
電束密度　153
伝導吸収　176
伝導帯　87, 89, 90
伝導電子　91
電流 I–電圧 V 特性　127, 129

等確率の原理　36
統計力学　36, 38
凍結領域　101, 102
動作速度　128
透磁率　140
ドナー　97
ドナー準位　97, 103, 104
ドナー不純物　97
ド・ブロイの関係式　47
トランジスタ　119
トランジスタ作用　119
ドリフト　118, 121
ドリフト速度　78, 99
ドレイン　132
ドレイン電圧　133
ドレイン電流　133
トンネルダイオード　136

な　行

内蔵電位　113
内部エネルギー　61, 62
内部電位　113, 116, 127
ナトリウムイオン　108, 109, 134
ナトリウム汚染　108
軟磁性材料　147, 148

熱絶縁性　76
熱伝導　75
熱伝導率　75
ネール温度　145

は　行

配位数　16
配向分極　151
ハイゼンベルク模型　143
バイポーラ・トランジスタ　119, 128, 131
パウリの排他律　4
バーガースベクトル　31, 32
波数空間　49
発光　176
発光素子　180
発光ダイオード　136, 179–181
ハミルトニアン　65
反強磁性　144
反強磁性体　144
反磁性　142
反磁性体　142
反射率　175
反転　125
反転しきい値電圧　132
反転層　125, 126
反転分布　179, 181
半導体　87–90
半導体デバイス　126
半導体のエネルギーバンド　95
半導体のエネルギーバンド図　94
半導体レーザ　180
バンドギャップ　50, 88

光の吸収　176
光の吸収係数　175
光励起　177
非晶質　14, 18, 27
ヒステリシス曲線　145
ヒステリシスループ　148, 154
比透磁率　141
比熱　62, 63, 68, 71, 72
ピパード　167
比誘電率　152
表面準位　133, 135
ビルトイン・ポテンシャル　113
ピン止め　164, 165

索　引

ファン・デル・ワールス結合　14
フェライト　148
フェリ磁性　144
フェリ磁性体　144
フェルミエネルギー　56, 58
フェルミ温度　74
フェルミ球　57, 58
フェルミ準位　56
フェルミ速度　78
フェルミ–ディラック統計　42
フェルミ統計　4, 42
フェルミ波数　58
フェルミ分布　39, 44
フェルミ粒子　4, 38
フォトダイオード　183
フォノン　66, 67, 75
　──のエネルギー　67, 68
　──の比熱　68
負温度状態　180
深い準位　34, 105, 110, 135
不純物半導体　96
不対電子　12
物質波　5
部分転位　32, 33
ブラヴェ格子　19–21
ブラッグ反射　48
プランクの定数　6, 46
不良事故　109
ブリルアン・ゾーン　50–52
フレンケル欠陥　28
フレンケル励起子　175
ブロッホ関数　53
分極　150
分極電荷　150
分極電荷密度　150
分子のエネルギー準位　9

平均自由行程　75
平均値　36
平衡状態　37
ベクトルポテンシャル　160
ベース　120, 128
ベース–コレクタ接合　120

ベース電流　129, 130
ベース幅　129
偏光　173

飽和磁化　148
飽和磁束密度　146
飽和電流　127
ボース–アインシュタイン統計　40
ボース統計　4, 40
ボース分布　39, 41
ボース粒子　4, 39, 166
ボルツマン定数　37
ボルツマン統計　4
ボルツマンの原理　37
ボルツマン分布　38

ま 行

マイスナー効果　158–160

水分子　14
ミラー指数　22

面欠陥　32
面心立方構造　16

漏れ電流　106

や 行

誘起双極子　14
有効質量　84, 92
誘電体　148
誘電率　152
誘導放出　179

ら 行

ラグランジェの未定係数法　38
らせん転位　30, 31

理想 MOS 構造　122, 123
立方最密構造　25

立方硫化亜鉛構造　25
量子数　7
量子統計　38, 39
量子統計力学　38
臨界温度　157
臨界磁界　157
臨界電流密度　158
燐光　177

ルミネッセンス　176, 177

励起子　175
励起子吸収　176
励起準位　177

零点エネルギー　66
零点振動　66
レーザ　180
レーザ・ダイオード　136, 180, 181

六方最密構造　16, 25
ロンドンの侵入距離　160
ロンドン方程式　160

わ　行

ワイス磁化　143
ワニエ励起子　175

著者略歴

岸野正剛
（きしの　せいごう）

1938年　岡山県に生まれる
1962年　大阪大学工学部精密工学科卒業
　　　　株式会社日立製作所中央研究所，姫路工業
　　　　大学教授，福井工業大学教授を経て
現　在　姫路工業大学名誉教授
　　　　工学博士

納得しながら学べる物理シリーズ 4
納得しながら電子物性　　　　　定価はカバーに表示

2015年11月15日　初版第1刷

著　者　岸　野　正　剛
発行者　朝　倉　邦　造
発行所　株式会社　朝　倉　書　店
　　　　東京都新宿区新小川町6-29
　　　　郵便番号　162-8707
　　　　電　話　03(3260)0141
　　　　FAX　03(3260)0180
　　　　http://www.asakura.co.jp

〈検印省略〉

ⓒ 2015〈無断複写・転載を禁ず〉　　中央印刷・渡辺製本

ISBN 978-4-254-13644-9　C 3342　　Printed in Japan

JCOPY 〈(社)出版者著作権管理機構 委託出版物〉

本書の無断複写は著作権法上での例外を除き禁じられています．複写される場合は，そのつど事前に，(社)出版者著作権管理機構（電話 03-3513-6969, FAX 03-3513-6979, e-mail: info@jcopy.or.jp）の許諾を得てください．